스스로 평가하고 준비하는!

대학부설 영재교육원 모의고사
초등
제1회

지원 분야 : _____

지역 : _____

학교 : _____

학년 : _____

이름 : _____

○ 모든 답안을 기록할 때는 글씨를 잘 정돈해서 기록합니다. 단, 글씨를 휘갈겨 쓰거나 겹쳐 쓰게 되면 평가자의 답안의 뜻을 이해할 수 없어서 본의 아니게 감점이 될 소지가 있습니다.

○ 내용과 다른 답을 쓸 경우 그 부분은 점수에서 감점이 됩니다.

○ 다른 색의 볼펜이나 형광펜은 이용할 수 없으며, 연필 또는 샤프와 지우개로만 답안을 작성해 주세요.

※ 부정행위 등 응시자 유의사항을 다시 한 번 확인하시기 바랍니다.

제1회 대학부설 영재교육원 모의고사 초등

◎ 문제를 잘 읽고 문제에서 묻고자 하는 내용을 잘 이해한 뒤 답과 답에 대한 설명을 자세하게 서술하시오.

수학

01

연우와 성민이는 A에 대하여 다음과 같이 설명하고 있습니다.

> 연우: A는 한국인이고, 남자이며, 키가 크고, 영어를 할 수 있습니다.
> 성민: A는 미국인이 아니고, 여자이며, 키가 작고, 영어를 하지 못합니다.

위와 같이 설명한 내용 중에서 연우는 3가지 거짓말을 했고, 성민이는 2가지 거짓말을 했습니다. 그렇다면 두 사람의 설명을 듣고 확실하게 알 수 있는 사실은 무엇인지 고르고, 그 이유를 서술하시오.

[10점]

① A는 한국인이다.
② A는 여자이다.
③ A는 키가 크다.
④ A는 미국인이다.
⑤ A는 영어를 하지 못한다.

02

다음 그림과 같은 정육면체 모양의 주사위에서 마주보는 면에 있는 두 수의 합은 −3입니다. 이때, 보이지 않는 세 면에 있는 수 중 가장 큰 수와 가장 작은 수의 곱을 구하고, 풀이 과정을 서술하시오.

[10점]

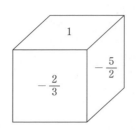

03

자 하나만으로 그림의 벽돌의 대각선 ㄱㄴ의 길이를 잴 수 있는지를 판단하시오. 만약 길이를 잴 수 있다면 그 방법을 구체적으로 서술하시오.

[10점]

04

A에서 I까지의 9명의 학생이 수학시험을 치렀는데 100점을 받은 학생은 9명 가운데 한 학생뿐이었습니다. 각 학생에게 100점을 받은 학생이 누구인지를 물어보았더니 다음과 같이 대답을 했습니다.

> A: 100점을 받은 학생은 E이다.
> B: 100점을 받은 학생은 E가 아니다.
> C: 100점을 받은 학생은 나 자신이다.
> D: 100점을 받은 학생은 C, H 중의 한 사람이다.
> E: 100점을 받은 학생은 나 자신이다.
> F: 100점을 받은 학생은 C이다.
> G: 100점을 받은 학생은 C가 아니다.
> H: 100점을 받은 학생은 C가 아니고, 나도 아니다.
> I: 100점을 받은 학생은 E가 아니다. 또, H가 말한 것은 사실이다.

위에서 사실을 말하고 있는 학생은 3명뿐이고, 다른 학생은 모두 거짓을 말하고 있습니다. 이때 100점을 받은 사람은 누구인지 말하고, 그 이유를 서술하시오. [10점]

05

지영이와 지민이가 주사위 놀이를 합니다. 홀수의 눈이 나오면 그 눈의 수만큼 점수를 얻고, 짝수의 눈이 나오면 그 눈의 수의 2배만큼 점수를 잃는다고 합니다. 두 사람이 주사위를 각각 3번씩 던져서 나온 눈의 수가 다음 표와 같을 때, 물음에 답하시오. [10점]

	1회	2회	3회
지영	5	2	4
지민	3	2	6

(1) 지영이의 점수를 구하고, 풀이 과정을 서술하시오.

(2) 지민이의 점수를 구하고, 풀이 과정을 서술하시오.

06

같은 크기의 황금 돼지모형 9개가 있습니다. 이 중 1개는 가짜 황금으로 만든 돼지모형이고, 나머지 8개는 진짜 황금으로 만든 돼지모형입니다. 가짜 황금은 진짜 황금보다 무게가 더 가볍다고할 때, 양팔저울을 사용하여 가짜 황금을 찾아내는 최소한의 측정 횟수를 구하고, 그 방법을 서술하시오. [10점]

07

말이 25마리가 있습니다. 이 중에서 가장 빠른 말 3마리를 찾기 위해 경기를 하려고 합니다. 한 번의 경기를 할 때 5마리씩 달린다고 한다면 최소 몇 번의 경기를 해야 하는지 구하고, 그 이유를 서술하시오. (단, 타이머가 없어 시간을 측정할 수 없습니다.) [10점]

08

W 모양의 다음 글자와 직선 3개를 이용하여 9개의 삼각형을 만드시오. (단, 직선의 길이는 상관없습니다.) [10점]

09

다음은 수현이네 반 학생들의 몸무게를 조사하여 나타낸 줄기와 잎 그림입니다. 줄기가 5인 학생 수는 줄기가 3인 학생 수의 $\frac{4}{3}$입니다.

이때 몸무게가 50 kg 미만인 학생은 전체의 몇 %인지와 몸무게가 11번째로 적은 학생의 몸무게를 구하고, 풀이 과정을 서술하시오.

[10점]

학생들의 몸무게   (4|0은 40 kg)

줄기	잎
3	
4	0 2 1 1
5	2 4 4 6 7 7 8 9
6	2 3

10

다음은 <암호문 규칙>과 <예시>입니다.

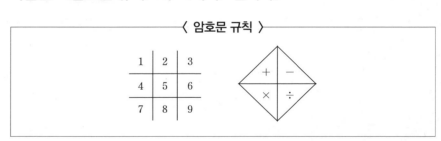

〈 암호문 규칙 〉

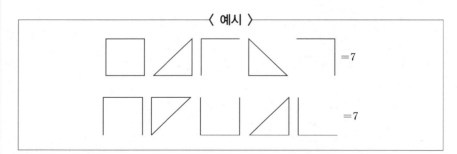

〈 예시 〉

위의 <암호문 규칙>을 이용하여 다음을 구하시오. [10점]

과학

11

사람이 물위에 반듯하게 있으면 쉽게 뜰 수 있지만, 물위에 서 있으면 물속으로 금방 가라앉습니다. 그 이유를 서술하시오. [10점]

12

물체의 속력은 걸린 시간과 이동거리를 이용하여 비교할 수 있습니다. 걸린 시간이 일정할 때, 다음 물음에 답하시오. [10점]

(1) 이동거리와 속력의 관계에 대해 서술하시오.

(2) 물체의 속력을 구할 수 있는 방법을 서술하시오.

13

나래는 농구공을 하늘 위로 높이 던져 올렸습니다. 다음 물음에 답하시오. [10점]

(1) 던져 올린 공에 작용하는 힘은 무엇인지 쓰시오.

(2) 공에 작용하는 힘은 어느 방향인지 쓰시오.

(3) 공이 위로 올라갈수록 점점 속력이 느려지는 이유를 서술하시오.

14

태양계 내의 다른 행성과는 달리 지구는 물과 공기가 존재하기 때문에 생명체가 살 수 있습니다. 또한, 물은 우리 일상에서 매우 다양한 방법으로 사용되고 있습니다. 다음 물음에 답하시오. [10점]

(1) 더운 날 마당에 물을 뿌리면 시원해지는 것을 느낄 수 있습니다. 그 이유를 서술하시오.

(2) 추운 북극 이글루에 사는 에스키모인들은 얼음집 바닥에 물을 뿌립니다. 그 이유를 서술하시오.

(3) 일상생활에서 물을 이용한 경험 중 **1**가지를 선택하여 과학적인 원리와 함께 서술하시오.

15

기체의 성질을 이용하여 풍선을 터뜨릴 수 있는 방법을 3가지 서술하시오. [10점]

16

혜성이와 성태가 탬버린 위에서 공을 떨어뜨려 공이 가진 에너지의 양을 비교하려고 합니다. 에너지의 양을 비교하기 위한 실험에 대해 다음 물음에 답하시오. [10점]

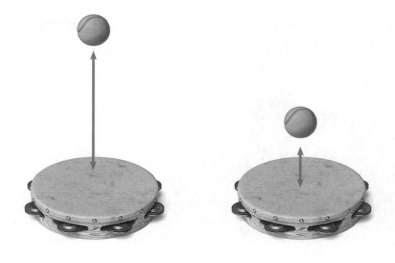

(1) 실험에서 같게 해야 할 조건과 다르게 해야 할 조건을 쓰시오.

(2) 실험을 진행했을 때 에너지의 크기를 비교할 수 있는 요소를 쓰시오.

(3) 실험의 결과를 예측하고 그 이유를 서술하시오.

17

막대자석의 극에 클립을 붙여 보았더니 양극에 각각 3개씩 붙었습니다. 이런 종류의 막대자석을 가지고 <실험 1>과 <실험 2>를 진행했습니다. [10점]

<실험 1>
막대자석을 세로 방향으로 잘라 2개의 자석으로 만든 후 자석의 A 부분에 클립이 몇 개 붙는지 알아본다.

<실험 2>
막대자석을 가로 방향으로 잘라 2개의 자석으로 만든 후 자석의 B 부분에 클립이 몇 개 붙는지 알아본다.

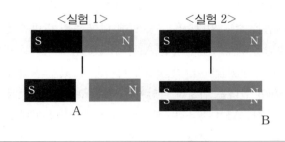

<실험 1>과 <실험 2>를 통해 자석에 붙는 클립의 개수 변화를 예측하여 서술하시오.

18

낮말은 새가 듣고 밤 말은 쥐가 듣는다는 속담이 있습니다. 이 속담은 낮과 밤의 소리의 전파와 큰 관계가 있습니다. 낮에는 소리가 위로 올라가고 밤에는 소리가 밑으로 내려가는데 이러한 현상이 생기는 이유를 다음의 필수 단어를 반드시 사용해 서술하시오. [10점]

〈 필수 단어 〉
온도,   속도,   소리

19

거울은 나의 얼굴을 볼 때 매우 유용합니다. 만약 거울이 없다면 우리는 자신의 얼굴이나 모습을 보기가 어려울 수 있습니다. 다음 물음에 답하시오. [10점]

(1) 거울이 없다면 우리 얼굴을 볼 수 있는 방법은 무엇이 있을까요? 가능한 방법을 서술하시오.

(2) 거울이 편평하지 않으면 거울에 비친 모습이 달라집니다. 오목거울과 볼록거울에 비친 상에서 볼 수 있는 모습을 서술하시오.

(3) 오목거울과 볼록거울을 생활에서 사용할 수 있는 방법을 3가지씩 서술하시오.

20

오른쪽 그림과 같이 페트병에 물을 넣고 병 입구에 고무풍선을 밀어넣어 매달았습니다. 그리고 페트병의 위쪽과 아래쪽에 구멍을 뚫어 각각 이쑤시개 A와 B를 꽂았습니다. 다음 중에서 실험과 그 결과에 대해 옳은 것을 모두 고르시오. (단, 페트병의 모양은 항상 일정하게 유지됩니다.) [10점]

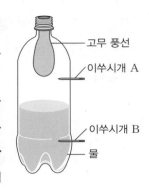

고무 풍선
이쑤시개 A
이쑤시개 B
물

① 이쑤시개 A와 B를 같이 뽑으면 이쑤시개 B를 꽂은 구멍으로 물이 나옵니다.

② 이쑤시개 B만 뽑으면 물 수면이 이쑤시개 B가 꽂힌 높이가 될 때까지 이쑤시개 B를 꽂은 구멍으로 물이 계속 나옵니다.

③ 이쑤시개 A를 뽑은 후 이쑤시개 B를 뽑으면 이쑤시개 B를 꽂은 구멍으로 공기가 들어가 기포가 올라갑니다.

④ 이쑤시개 B를 뽑고 풍선을 분 뒤 이쑤시개 B를 꽂은 구멍을 다시 막고 입을 떼면 풍선의 크기는 줄어듭니다.

⑤ 이쑤시개 B를 뽑고 풍선을 분 뒤 이쑤시개 B를 꽂은 구멍을 다시 막고 입을 뗀 다음에 이쑤시개 A를 뽑으면 풍선의 크기가 줄어듭니다.

정보

21

다음을 읽고 로봇과 인공지능(AI)으로 인한 사회변화에 대해 불안해 하는 사람들에게 불안하지 않도록 설명해 주려고 합니다. 어떤 내용을 전달하고 싶은지 서술하시오. [10점]

AI는 인류 문명사 최악의 재앙이며, AI 로봇에 대한 규제를 강화해야 한다고 주장했습니다. 스티븐호킹 박사는 포르투칼 리스본에서 열린 웹서밋 테크놀로지 컨퍼런스에서 '컴퓨터는 이론적으로 인간 지능을 모방할 수 있고 이를 뛰어넘을 수도 있다. 우리가 AI에 대한 준비 방법과 잠재적 위험을 피하는 방법을 배우지 않는다면 AI는 우리 문명 역사상 최악의 사건이 될 수 있다.'고 주장했습니다. 즉, AI가 가져올 수 있는 잠재적 위험에 철저하게 대비해야 한다는 취지의 발언이나 잠재력보단 위험성에 더 방점을 찍었습니다. 또한, AI가 자율적으로 작동하는 강력한 무기나 소수의 사람들에게만 이로운 새로운 방법들로 위험을 가져올 수 있고, 경제를 심각하게 파괴할 수도 있다고 설명했습니다.

22

일반적으로 우리가 일상생활에서 수를 사용하는 방법을 십진법이라 하고 십진법으로 나타낸 수를 십진수라 합니다. 0과 1만을 이용하여 수를 표현하는 방법으로, 자료를 처리할 때 많이 사용하는 방법인 이진법으로 나타낸 수를 이진수라 합니다. 다음 물음에 답하시오. [10점]

(1) 21을 이진수로 바꾸고, 풀이 과정을 서술하시오.

(2) $1101_{(2)}$을 십진수로 바꾸고, 풀이 과정을 서술하시오.

23

임의로 만든 암호코드를 참고하여, 다음 물음에 답하시오. (단, 아래 암호코드의 규칙은 자음, 모음 순으로 코드값을 사용하며, 자음, 자음 순서로 표시되면 앞의 자음이 이전 문자의 받침으로 사용됩니다.)

[10점]

1	2	3	4	5	6	7	8
ㄱ	ㄴ	ㄷ	ㄹ	ㅁ	ㅂ	ㅅ	ㅇ
ㅏ	ㅑ	ㅓ	ㅕ	ㅗ	ㅛ	ㅜ	ㅠ
9	a	b	c	d	e	f	g
ㅈ	ㅊ	ㅋ	ㅌ	ㅍ	ㅎ	.	공백
ㅡ	ㅣ	ㅐ	ㅒ	ㅔ	ㅖ	ㅘ	ㅝ

(1) 다음의 암호문을 해독하시오.

> 812 248 g aa2 17 82

(2) 다음 문장을 암호문으로 만드시오.

> 점심 시간에 운동장에서 만나자.

24

화재가 발생했을 때 대피해야 하는 과정을 순서도로 나타내시오.

[10점]

25

1개의 손가락을 '접었다'와 '폈다'로 신호를 구분하려고 합니다. 10개의 손가락을 이용하여 표현할 수 있는 신호는 모두 몇 가지인지 구하고, 비트(bit)와 관련하여 그 이유를 서술하시오.

[10점]

26

우주라는 공간에서 지구를 괴롭히는 외계인의 우주선을 공격해 격추시키는 '슈팅게임'을 만들었습니다. 이 게임의 난이도를 올리기 위한 방법을 서술하시오.   [10점]

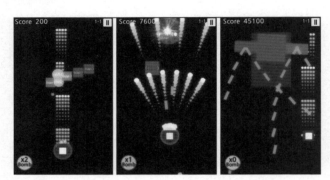

27

4차 산업혁명 시대로의 접근에서 가장 중요하고 큰 관심을 받는 것은 AI, 즉 인공지능입니다. 최근 인공지능 기술이 발전하면서 가정에서 사용하는 청소기, 냉장고, 텔레비전 등 다양한 가전제품에도 적용되고 있습니다. 우리나라 대부분 가정에서 사용하고 있는 전자제품 중 하나인 냉장고에 인공지능 기술을 적용한다면 어떤 부분을 처리해 주고, 어떤 부분의 권한을 막아야 할지 고민하여 다음 물음에 답하시오.   [10점]

(1) 인공지능 냉장고의 예상되는 기능에는 어떠한 것들이 있는지 서술하시오.

(2) 본인이 생각하는 인공지능 냉장고의 장단점을 서술하시오.

　① 장점

　② 단점

28

공 튀기기 게임의 일종인 '벽돌게임'은 스티브잡스가 개발한 게임입니다. 센서보드를 이용한 제어프로그램으로 이 게임을 다시 만들고자 할 때 어떤 센서를 이용하여 게임을 작동할지 생각해 보고, 작동원리를 서술하시오.   [10점]

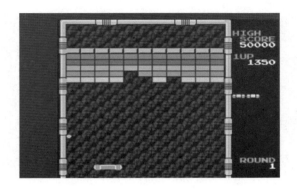

29

우리는 하루에도 셀 수 없을 정도로 많은 자료가 인터넷을 통해 생산되고 유통되는 '정보의 홍수' 속에서 살고 있습니다. 이러한 수많은 정보 중에서 나에게 필요한 정보를 신속하게 찾아 처리하고, 필요한 곳에 활용하는 일은 매우 중요합니다. 인터넷을 이용한 검색과 수집의 장점을 2가지 서술하시오.   [10점]

30

다음의 내용을 구조화시켜 보시오.   [10점]

오늘은 내 동생의 초등학교 졸업식입니다. 아침에 엄마, 아빠와 함께 꽃집에 들려 동생에게 줄 꽃 한 다발을 샀습니다. 학교에 가서 가족사진을 찍고 동생을 위해 준비한 편지와 선물을 동생에게 주었습니다. 동생의 학교를 구경하면서 근처에 있는 식당에서 점심을 먹었습니다. 저녁에는 동생 친구들이 찾아와서 엄마, 아빠, 나, 동생, 그리고 친구들이 모여 졸업 축하 파티를 했습니다. 동생은 아빠에게 용돈도 받고, 책, 필통을 선물로 받아서 기분이 좋아 보였습니다. 축하파티가 끝나고 자려고 누웠는데, 내일 친구들과 여행갈 계획을 짜야하는 것을 잊고 있었다는 사실이 생각났습니다. 그래서 빨리 여행을 계획을 세우고 자려고 다시 일어났습니다.

수고하셨습니다.

스스로 평가하고 준비하는!

대학부설 영재교육원 모의고사
초등
제2회

지원 분야 : _____

지역 : _____

학교 : _____

학년 : _____

이름 : _____

○ 모든 답안을 기록할 때는 글씨를 잘 정돈해서 기록합니다. 단, 글씨를 휘갈겨 쓰거나 겹쳐 쓰게 되면 평가자의 답안의 뜻을 이해할 수 없어서 본의 아니게 감점이 될 소지가 있습니다.

○ 내용과 다른 답을 쓸 경우 그 부분은 점수에서 감점이 됩니다.

○ 다른 색의 볼펜이나 형광펜은 이용할 수 없으며, 연필 또는 샤프와 지우개로만 답안을 작성해 주세요.

※ 부정행위 등 응시자 유의사항을 다시 한 번 확인하시기 바랍니다.

◎ 문제를 잘 읽고 문제에서 묻고자 하는 내용을 잘 이해한 뒤 답과 답에 대한 설명을 자세하게 서술하시오.

수학

01

270에 자연수를 곱하여 어떤 자연수의 제곱이 되도록 할 때, 곱해야 하는 가장 작은 자연수를 구하고, 풀이 과정을 서술하시오. [10점]

02

세 분수 $\frac{7}{6}$, $\frac{35}{12}$, $\frac{56}{27}$의 어느 것에 곱해도 그 결과가 자연수가 되는 분수 중에서 가장 작은 기약분수를 구하고, 풀이 과정을 서술하시오.

[10점]

03

다음 <보기>의 칸 안에 있는 기호는 어떤 수를 나타내며, 그 수들의 합은 도형의 가운데 칸에 놓인 수입니다.

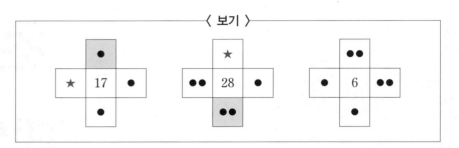

<보기>의 규칙을 이용하여 다음 그림의 A와 B에 들어갈 알맞은 수를 구하시오. [10점]

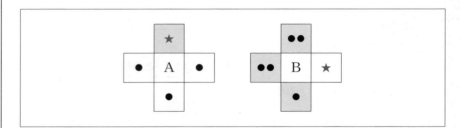

04

정사각형 모양의 밭이 있습니다. 세로의 길이는 정사각형 한 변의 길이의 $\frac{1}{2}$만큼 늘이고 가로의 길이는 정사각형 한 변의 길이의 $\frac{1}{3}$만큼 줄여서 직사각형 모양의 밭을 만들었습니다. 새로 만든 밭의 넓이는 처음 밭의 넓이보다 얼마나 더 넓어졌는지 비교하고, 그 이유를 서술하시오.   [10점]

05

어두운 밤 다리를 건너려는 네 명의 학생 재민, 호재, 민석, 동현이가 있습니다. 이 네 명의 학생이 다리를 건널 때 걸리는 시간은 각각 1분, 2분, 5분, 10분입니다. 손전등은 1개뿐이고, 다리의 폭이 좁아 한 번에 두 명까지만 같이 다리를 건널 수 있습니다. 다리 한 쪽에 있는 네 명의 학생이 다리 반대편으로 모두 건너가려면 최소 몇 분이 필요한지 구하고, 풀이 과정을 서술하시오.   [10점]

06

다음 <조건>을 만족시키는 행운의 일곱 자리의 수 중에서 가장 큰 수를 구하고, 풀이 과정을 서술하시오.   [10점]

〈 조건 〉

① 행운의 일곱 자리 수의 가운데 숫자는 5입니다.
② 행운의 일곱 자리 수의 각 자리의 숫자를 모두 더하면 30이 됩니다.
③ 행운의 일곱 자리 수의 각 자리 숫자 중에서 가장 큰 숫자가 맨 앞 숫자입니다.
④ 가운데에 있는 숫자와 그 오른쪽에 있는 숫자의 합은 첫 번째 숫자와 같습니다.
⑤ 행운의 일곱 자리 수의 각 자리의 숫자는 0에서 9까지 중에서 한 번씩만 쓸 수 있습니다..
⑥ 두 번째 자리 숫자와 세 번째 자리 숫자의 합은 여섯 번째 자리 숫자와 같으며, 마지막 숫자는 그 숫자의 두 배입니다.

07

다음의 그림처럼 세 개의 정사각형을 겹쳐 만들어진 모양에서 나뉘어진 7개의 구역에 1에서 7까지 수를 한 개씩 써넣으려고 합니다. 처음의 세 개의 큰 정사각형 안의 수의 합이 같아지도록 수를 써넣으시오.　　　　　　　　　　　　　　[10점]

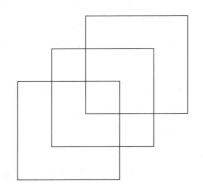

08

다음 그림은 어떤 규칙에 의해 아래로 내려 갈수록 각 단계별 수들의 합은 커지고 있습니다. A에 들어갈 알맞은 수를 구하고, 풀이 과정을 서술하시오.　　　　　　　　　　　　　　[10점]

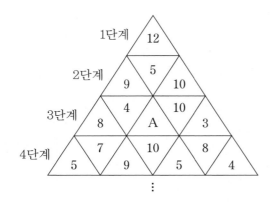

09

하늘이는 배를 타고 길이가 4000 m인 강을 거슬러 올라가는 데 20분, 내려오는 데 10분이 걸렸습니다. 이때 강물의 속력을 구하고, 풀이 과정을 서술하시오. (단, 배와 강물의 속력은 각각 일정합니다.)　　　　　　　　　　　　　　[10점]

10

다음 그림과 같이 16개의 칸에 ●를 10개 그려 넣으려고 합니다. 한 칸에는 ●를 1개만 그릴 수 있고, 가로 방향 또는 세로 방향으로 한 줄에 ●가 2개 또는 4개만 있도록 해야 합니다. 이것을 만족하는 경우를 3가지 그려보시오. (단, 돌리거나 뒤집어서 겹쳐지는 것은 한 가지로 봅니다.)

[10점]

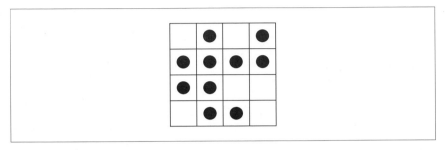

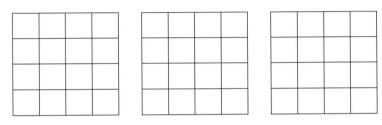

11

실험실에서 물질을 가열할 때 알코올램프를 자주 사용합니다. 다음 물음에 답하시오.

[10점]

(1) 알코올램프로 비커에 담긴 물을 가열하기 시작할 때 비커 옆면에 물방울이 생깁니다. 가열을 하는데 물방울이 생기는 이유를 서술하시오.

(2) 비커에 생긴 물방울은 알코올램프로 계속 가열하면 사라지는데, 그 이유를 서술하시오.

(3) 알코올램프의 불을 끌 때는 촛불을 끄듯이 입으로 불면 안 되고 뚜껑을 덮어 꺼야 합니다. 그 이유를 서술하시오.

12

세수를 하거나 더러워진 옷을 세탁을 할 때 비누나 세제를 사용합니다. 다음 물음에 답하시오.　　　　　　　　　　　　　　[10점]

(1) 빨래를 할 때 세제의 역할에 대해 서술하시오.

(2) 지하수와 같은 센물에서는 세제를 사용해도 거품이 잘 생기지 않고 때가 잘 빠지지 않습니다. 그 이유를 서술하시오.

(3) 비누로 세수를 할 때 다음 ①, ② 중 하나를 선택하고. 그 이유를 서술하시오.

　　① 따뜻한 물이 더 잘 씻겨진다.
　　② 찬 물이 더 잘 씻겨진다.

13

순수한 물은 중성이지만 푸른색 리트머스 종이에 물이 닿으면 옅은 보라색으로 변한 것처럼 보입니다. 푸른색 리트머스의 색깔이 옅은 보라색으로 변한 것처럼 보이는 이유를 서술하시오.　　[10점]

14

민경이 집 근처에서 화재가 발생했습니다. 현장에 도착한 소방관이 신속하게 화재를 진압하기 위해 주변에 설치된 소화전에서 소방 호스를 꺼내어 불을 껐습니다. 물이 불을 끄는 데 효과적인 이유를 2가지 서술하시오.　　　　　　　　　　　　　　　[10점]

15

공기와 물이 없는 달의 표면에 건물을 짓기 위한 방법을 3가지 제시하시오.　　　　　　　　　　　　　　　　　　　　　[10점]

16

다음 그림과 같이 막대 왼쪽에 크기와 모양이 같은 상자 3개가 지렛대 위에 놓여 있습니다. 같은 상자 4개를 지렛대의 오른쪽에 모두 올려놓아 수평이 되도록 하는 방법을 3가지 서술하시오. [10점]

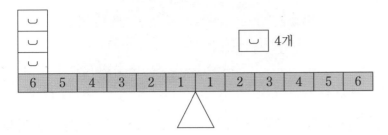

17

호재는 2023년 6월 8일 하와이에 위치한 킬라우에아 화산이 또 폭발했다는 뉴스를 접했습니다. 뉴스 진행자가 언급한 '용암'과 '마그마'의 차이점에 대해 서술하시오. [10점]

18

민호는 동전으로 가득 찬 저금통을 가지고 은행에 방문했습니다. 은행 직원이 민호의 저금통의 동전을 모두 꺼내 아래의 사진 속 기계에 넣었더니 동전이 종류별로 분류되는 데 걸리는 시간은 1분이 되지 않았습니다. 어떤 방법을 이용하여 동전을 분류했는지 서술하시오. [10점]

19

다음의 난층운과 권운의 사진을 보고 물음에 답하시오. [10점]

<난층운>   <권운>

(1) 위의 두 구름의 크기와 색을 결정하는 요인은 무엇인지 서술하시오.

(2) 안개나 구름은 똑같이 대기의 온도 변화 때문에 형성됩니다. 그중 안개는 바람이 불지 않는 맑은 날 새벽 무렵에 잘 형성되는데 그 이유를 서술하시오.

20

우리나라 조상들이 살던 한옥은 많은 과학적 원리가 숨겨져 있습니다. 다음 물음에 답하시오. [10점]

(1) 한옥집의 처마 모양을 위와 같은 모양으로 만들었을 때 가질 수 있는 장점을 서술하시오.

(2) 한옥집의 구조는 문이나 창은 남쪽을 바라보고 있고, 집의 뒤쪽에는 산이 있는 구조입니다. 여기에는 과학적인 원리가 숨어 있습니다. 그 원리가 무엇인지 태양에너지와 기후의 2가지 측면에서 각각 서술하시오.

정보

21

다음을 읽고 스마트폰 사용이 개인에 미치는 영향에 대해 자신의 생각을 순기능과 역기능의 면에서 모두 서술하시오. [10점]

우리는 스마트폰 없이는 살아갈 수 없는 시대를 살고 있습니다. 스마트폰이 보급되기 전에는 지하철이나 버스 안에서 독서나 신문, 영어 단어를 외우는 사람들을 많이 볼 수 있었지만, 지금은 그런 모습과는 사뭇 다르게 습관적으로 스마트폰을 확인하는 사람들을 많이 볼 수 있습니다. 여러 가지 편리함 때문에 습관처럼 되어버린 스마트폰의 일상을 어느 순간 고치려 하면 쉽지 않을 것입니다. 또한, 초등학생, 중학생, 고등학생, 성인에 이르기까지 스마트폰의 과다한 의존과 사용에 따른 다양한 문제점들이 발생하고 있습니다. 이 중 하나는 인터넷과 SNS 등이 사이버 범죄의 주요 도구가 되기도 한다는 것입니다.

22

다음 그림은 이진법으로 표현된 바코드입니다. 그림에서 ●는 1을, ○는 0을 나타낼 때, 바코드가 나타내는 상품명과 제조일자를 쓰시오. [10점]

상품명				제조월				제조일			
●	○	○	●	●	○	○	●	●	○	●	○

<십진수로 제시된 상품명 예시>

- 7 – 바나나우유
- 8 – 우유식빵
- 9 – 허니버터칩
- 10 – 월드콘

23

지하철 노선도나 고속도로의 연결망을 표현하고자 할 때 다음 중 가장 적절한 방법을 선택하고, 그 이유를 간단하게 서술하시오. [10점]

계층, 스택, 표, 그래프

24

다음은 프로이센의 쾨니히스베르크에 위치한 7개의 다리입니다.

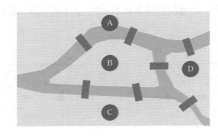

> 1700년대 독일의 강가에 세워진 작은 도시, 쾨니히스베르크에는 프레겔 강이 흐르고 있고, 이 강에는 큰 섬이 있습니다. 그리고 이 섬들과 도시의 나머지 부분을 연결하는 7개의 다리가 있습니다. 수학적 상상력이 풍부했던 사람들은 이 일곱 개의 다리를 모두 한 번씩만 건너서 처음 시작한 위치로 다시 돌아올 수 있을까 하는 문제에 의문점을 가지고 도전하게 되었는데, 1735년에 오일러가 불가능하다는 것을 증명했습니다.

위의 글을 읽고, 그 내용의 핵심을 그래프로 표현하시오.   [10점]

25

혜원이는 10년 만에 보는 친구를 만나러 가기 위해 버스정류장에서 버스를 기다리고 있습니다. 버스를 기다리는 동안, 버스를 타기 위한 스스로의 행동 순서를 아래와 같이 생각했습니다. 이 과정을 순서도로 표현하시오.   [10점]

> ❶ 버스정류장에서 버스를 기다립니다.
> ❷ 버스가 도착합니다.
> ❸ 가려는 목적지를 지나가는 버스인지 확인해 봅니다.
> ❹ 타려는 버스가 맞으면 탑승합니다.
> ❺ 다른 곳으로 가는 버스라면 ❶로 돌아가 다시 버스를 기다립니다.
> ❻ 버스가 출발합니다.

26

음료수를 뽑아 먹을 수 있는 자동판매기의 지폐 투입구에 1000원짜리 지폐 한 장을 넣고 거스름돈으로 100원을 돌려받았습니다. 다음 물음에 답하시오.   [10점]

(1) 자동판매기에 입력된 것과 출력된 것을 각각 쓰시오.

(2) 알고리즘의 성립조건을 생각하여 자동판매기의 알고리즘을 글로 서술하시오. (단, 한 문장에서 한 가지 일만 수행할 수 있습니다.)

27

다음의 기호를 사용하여 진홍이가 만든 로봇을 프로그래밍하려고 하는데, 프로그램을 P ▢▢▢ ··· 으로 나타냅니다. (단, 사용자 정의 프로그램은 U ▢▢▢ ··· 라고 하고. U가 여러 개 있으면 U1, U2로 합니다.)

> G: 전진
> R: 오른쪽으로 90° 회전
> L: 왼쪽으로 90° 회전
> n: n의 앞에 있는 기호를 n만큼 반복(n은 자연수)

프로그램이 다음과 같을 때 출발지점 ▶으로 다시 돌아오는 방법을 프로그래밍하시오. (단, 빗금친 곳은 건너뜁니다.) [10점]

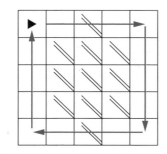

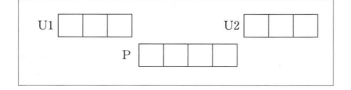

28

모험명성을 쌓고 싶은 우루사가 대항해시대를 맞이하여 진기한 물건이나 동식물, 유적 등을 발견하고 싶어 출항했습니다. 우루사는 배에 타고 있던 선원들과 항해 중 발견한 X 마을에 상륙했습니다. 하지만 3일이 지나도록 어떠한 것도 발견되지 않자 그 지역 사람들과 친해져 정보를 얻는 것으로 계획을 변경하고, 배에 싣고 왔던 식량을 나누어 주었습니다. 그 결과 마을 사람들 중 몇 사람이 유적 발견에 동참했고 드디어 유적을 찾아냈습니다. 이 과정을 게임으로 제작하려 할 때, 순서도로 나타내시오. [10점]

29

지민, 주원, 진우, 규호, 보민은 수업을 받고 있던 중 옆 강의실에서 수업하는 우루사 선생님의 목소리를 들었습니다. 우루사 선생님은 수업할 때 마이크를 사용하지 않아도 목소리를 높여 수업하기 때문에 다른 옆 강의실까지 목소리가 들립니다. 우루사 선생님의 목소리 크기를 측정하고자 방과 후 활동에서 배운 코딩 과정을 이용하여 소음측정기를 만들기로 했습니다. 소리센서를 이용하여 소음측정기를 만들려고 합니다. 다음 물음에 답하시오. [10점]

(1) 소리센서를 이용하여 소음측정기를 만들기 위한 핵심요소 추출을 입력, 처리, 출력 과정으로 구분하여 서술하시오.

(2) 알고리즘을 설계하시오.

30

사이버 폭력은 개인들의 성향에 따라 다양한 형태로 불특정 다수가 일으킬 수 있습니다. 이런 사이버 폭력을 줄이기 위한 방법을 5가지 제시하시오. [10점]

수고하셨습니다.

스스로 평가하고 준비하는!

대학부설 영재교육원 모의고사
초등
제3회

지원 분야 : _____

지역 : _____

학교 : _____

학년 : _____

이름 : _____

제3회 대학부설 영재교육원
모의고사 초등

◎ 문제를 잘 읽고 문제에서 묻고자 하는 내용을 잘 이해한 뒤 답과 답에 대한 설명을 자세하게 서술하시오.

수학

01

다음 대화를 읽고, 두 사람이 버스 정류장에서 만나기로 한 시간과 공항에 도착하는 시간으로 가능한 것을 고르고, 풀이 과정을 서술하시오.　[10점]

> 종혜: 내일 인천공항으로 선생님을 마중 나가도록 하자.
> 경훈: 선생님은 5시에 도착하실 거야. 집 근처에 공항까지 가는 버스가 있으니 그걸 타고 가면 돼.
> 종혜: 버스는 매시 15분과 45분에 인천공항으로 출발하고, 인천공항까지 가는 데 1시간 20분 정도 걸린다니까 버스 출발 시간 10분 전에 버스정류장에서 만나도록 하자.
> 경훈: 그래 좋아. 내일 우리 모임은 2시에 끝나지?
> 종혜: 응!

	<만나기로 한 시간>	<공항에 도착하는 시간>
①	오후 2:00	오후 3:20
②	오후 3:05	오후 4:25
③	오후 3:05	오후 4:35
④	오후 3:20	오후 4:50
⑤	오후 2:30	오후 4:00

02

다음과 같이 [그림 1]의 종이를 잘라 퍼즐놀이를 했습니다. 4개의 조각을 모두 사용하여 조각들이 겹치지 않도록 [그림 2]와 같은 모양을 만들었습니다. 조각들을 어떻게 붙였는지 [그림 2]에 점선으로 표시하고, 조각들의 이름 가, 나, 다, 라를 쓰시오.　[10점]

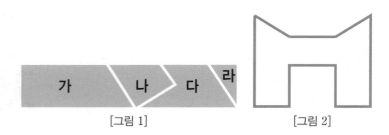

[그림 1]　　　　　[그림 2]

03

다음 그림처럼 빨강(R), 파랑(B), 초록(G)색 쌓기나무를 각각 9개씩 27개를 쌓았습니다. 쌓기나무로 쌓은 모형을 오른쪽에서 본 면의 색을 R, B, G를 써서 나타내시오. (단, 같은 색깔의 쌓기나무는 서로 붙여 놓을 수 없습니다.)　[10점]

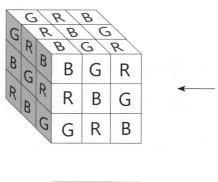

R		

<오른쪽에서 본 면>

04

다음과 같은 그림에서 각 부분들 안에 1부터 9까지의 자연수를 각각 하나씩 써넣어, 한 개의 원 안에 있는 수들의 합이 항상 같아지도록 하려고 합니다. 한 개의 원 안에 있는 수들의 합이 가장 작을 때, 각각의 부분에 알맞은 수를 써넣고, 그 이유를 서술하시오. [10점]

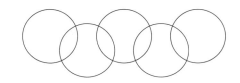

05

헨젤과 그리텔은 숲속의 마녀로부터 도망치고 있습니다. 이때 표지판 5개가 있는 갈림길이 나타났습니다. 도망칠 수 있는 길은 오직 1곳이며, 2개의 표지판에 쓰인 내용만이 진실을 알려주고 있습니다. 헨젤과 그리텔이 탈출할 수 있는 방향을 추측할 수 있는지 판단을 하고, 탈출할 수 있다면 어느 방향으로 탈출할 수 있는지 쓰시오. [10점]

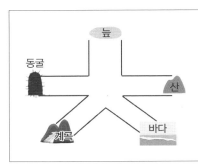

<표지판 내용>
늪: 바다는 거짓말을 하고 있다.
동굴: 늪의 말은 진실이다.
산: 바다에 탈출구가 있다.
계곡: 동굴의 말은 진실이다.
바다: 산의 말은 진실이다.

06

다음 조건을 보고 책꽂이 가장 위쪽 선반인 A부터 가장 아래쪽 선반인 E까지 각각 어떤 색의 책을 꽂을 수 있는지 순서대로 나열하시오. [10점]

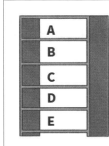

① 한 선반에는 한 가지 색의 책만 꽂을 수 있습니다.
② 노란색 책들은 두 번째 선반에 있습니다.
③ 노란색 책들은 파란색 책들 아래에 있습니다.
④ 빨간색 책들은 초록색 책들 바로 위에 있습니다.
⑤ 주황색 책들은 빨간색 책들과 노란색 책들 사이에 있습니다.

12

두 학생의 토론을 읽고 우유가 용액인지 아닌지 말해보고, 혜영이와 혁재의 주장 중 자신과 다른 의견을 가지고 있는 주장에 대해 반박하는 의견을 제시하시오. [10점]

혜영이는 쉬는 시간에 우유를 마시다가 우유팩에 표시된 성분표를 보았습니다. 탄수화물, 지방, 단백질 등 여러 가지 성분이 포함되어 있는 것을 보고 혜영이는 과학 시간에 배운 '용액에 대한 개념'이 떠올라 짝인 혁재와 우유가 용액인지 아닌지에 대해 토론을 했습니다.

혜영이는 우유가 용액이라고 주장하고 다음과 같은 증거를 내세웠습니다.
1. 우유의 색깔이 흰색인 이유는 흰색을 띄는 물질이 균일하게 녹아 있기 때문입니다.
2. 거름종이로 우유를 걸렀을 때 흰색을 띄는 알갱이가 아무것도 보이지 않았기 때문입니다.

혁재는 우유가 용액이 아니라고 주장하고 다음과 같은 증거를 내세웠습니다.
1. 우유에 수성 잉크를 떨어뜨리면 잉크가 골고루 퍼지지 않고 우유 표면에 둥둥 떠 있습니다.
2. 우유를 끓이면 막이 생기고 어떤 덩어리가 생깁니다.

13

원유를 수송하는 <영재호>가 인도 부근을 지나가던 중 큰 태풍을 만나 침몰했습니다. 하지만 배 안에 있던 보트를 이용해 탈출한 선장과 선원 7명의 목숨은 무사할 수 있었습니다. 보트 안에는 1 L의 물이 담긴 페트병 2개와 약간의 식량이 있었습니다. 2 L의 물은 표류를 하는 동안 선장과 선원들이 마시기에는 너무 적은 양입니다. 하지만 바닷물을 그냥 마시면 생명에 위험할 수 있으므로 다른 방법을 찾아야 합니다. 이 사람들은 바닷물을 마실 수 있는 물로 어떻게 만들었는지 그 방법을 서술하시오. [10점]

14

가족들과 이번 여름방학에 사막 여행을 준비하던 영재는 인터넷 검색을 하던 중 어느 누군가가 올린 질문 글을 보게 되었습니다.

Q: 사막에서 방향을 잃으면 별자리를 보고 탈출할 수 있을까요?
사막에 홀로 떨어지게 되었을 때, 방향을 설정하고 탈출하기 위해 노력해야 하는데, 밤하늘의 별자리를 이용해 탈출해 나올 수 있을까요? 알려주세요.

위의 질문처럼 사막에서 탈출하기 위해 별자리를 이용하는 방법을 서술하시오. [10점]

04

다음과 같은 그림에서 각 부분들 안에 1부터 9까지의 자연수를 각각 하나씩 써넣어, 한 개의 원 안에 있는 수들의 합이 항상 같아지도록 하려고 합니다. 한 개의 원 안에 있는 수들의 합이 가장 작을 때, 각각의 부분에 알맞은 수를 써넣고, 그 이유를 서술하시오. [10점]

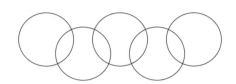

05

헨젤과 그리텔은 숲속의 마녀로부터 도망치고 있습니다. 이때 표지판 5개가 있는 갈림길이 나타났습니다. 도망칠 수 있는 길은 오직 1곳이며, 2개의 표지판에 쓰인 내용만이 진실을 알려주고 있습니다. 헨젤과 그리텔이 탈출할 수 있는 방향을 추측할 수 있는지 판단을 하고, 탈출할 수 있다면 어느 방향으로 탈출할 수 있는지 쓰시오.

[10점]

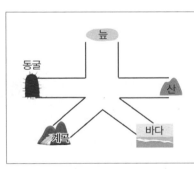

<표지판 내용>
늪: 바다는 거짓말을 하고 있다.
동굴: 늪의 말은 진실이다.
산: 바다에 탈출구가 있다.
계곡: 동굴의 말은 진실이다.
바다: 산의 말은 진실이다.

06

다음 조건을 보고 책꽂이 가장 위쪽 선반인 A부터 가장 아래쪽 선반인 E까지 각각 어떤 색의 책을 꽂을 수 있는지 순서대로 나열하시오.

[10점]

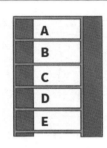

① 한 선반에는 한 가지 색의 책만 꽂을 수 있습니다.
② 노란색 책들은 두 번째 선반에 있습니다.
③ 노란색 책들은 파란색 책들 아래에 있습니다.
④ 빨간색 책들은 초록색 책들 바로 위에 있습니다.
⑤ 주황색 책들은 빨간색 책들과 노란색 책들 사이에 있습니다.

07

두 자리의 자연수 중에서 연속하는 두 수를 선택한 후, 각 자리의 수들의 합을 구합니다. 예를 들어, 연속하는 두 수 34와 35를 선택하면 각 자리의 수들의 합은 각각 3+4=7과 3+5=8입니다. 연속하는 두 수의 각 자리의 수들의 합의 차가 8이 되는 두 수의 짝은 모두 몇 가지인지 구하고, 그 이유를 서술하시오. [10점]

08

다음 그림의 A~E에 1, 3, 4, 6, 7을 한 번씩 써넣어 사각형의 꼭짓점에 있는 네 수의 합이 모두 같아지도록 여러 가지 방법으로 만들려고 합니다. 1, 3, 4, 6, 7 중에서 E에 들어갈 수 있는 서로 다른 수의 합을 구하고, 풀이 과정을 서술하시오. [10점]

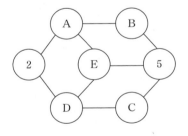

09

그림과 같이 한 변의 길이가 1인 정사각형을 변끼리 꼭 맞도록 붙여서 다음과 같은 모양의 도형을 만들었습니다. 이와 같은 방법으로 둘레의 길이가 11인 도형을 만들 수 있는지 판단하고, 만들 수 있다면 그 모양을 그리시오. 만약 만들 수 없다면 그 이유를 서술하시오. [10점]

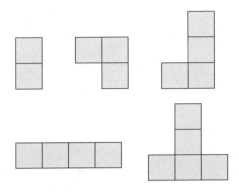

10

다섯 명의 형제가 둥근 탁자에 서로를 바라보며 앉아 있습니다. 형제들의 이야기 내용을 읽고, 다음 물음에 답하시오. [10점]

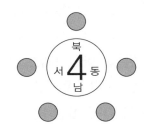

A: 나의 왼쪽에는 두 살 차이 나는 동생 C가 앉아 있습니다.
B: 내년이면 나도 동쪽에 앉아 있는 형 D의 현재 나이가 됩니다.
C: 나의 바로 왼쪽에 앉은 형 D는 우리 중 가장 나이가 많으며, 바로 위 형의 오른쪽 옆에는 막내 E가 앉아 있습니다.
D: 난 이제 마흔이 되었습니다. 그래서 나와 네 살 차이나는 C와 막내인 E가 어제 생일축하를 해 주었습니다.

(1) 북쪽에서부터 시계 방향으로 앉은 사람을 순서대로 나열하시오.

(2) 두 형제 A, B의 나이의 합을 구하고, 풀이 과정을 서술하시오.

과학

11

추운 겨울에는 공원 벤치에 앉을 때보다 철로 만든 시소에 앉았을 때 더욱 차가움을 느끼게 됩니다. 그 이유를 서술하시오. [10점]

12

두 학생의 토론을 읽고 우유가 용액인지 아닌지 말해보고, 혜영이와 혁재의 주장 중 자신과 다른 의견을 가지고 있는 주장에 대해 반박하는 의견을 제시하시오.   [10점]

혜영이는 쉬는 시간에 우유를 마시다가 우유팩에 표시된 성분표를 보았습니다. 탄수화물, 지방, 단백질 등 여러 가지 성분이 포함되어 있는 것을 보고 혜영이는 과학 시간에 배운 '용액에 대한 개념'이 떠올라 짝인 혁재와 우유가 용액인지 아닌지에 대해 토론을 했습니다.

혜영이는 우유가 용액이라고 주장하고 다음과 같은 증거를 내세웠습니다.
1. 우유의 색깔이 흰색인 이유는 흰색을 띄는 물질이 균일하게 녹아 있기 때문입니다.
2. 거름종이로 우유를 걸렀을 때 흰색을 띄는 알갱이가 아무것도 보이지 않았기 때문입니다.

혁재는 우유가 용액이 아니라고 주장하고 다음과 같은 증거를 내세웠습니다.
1. 우유에 수성 잉크를 떨어뜨리면 잉크가 골고루 퍼지지 않고 우유 표면에 둥둥 떠 있습니다.
2. 우유를 끓이면 막이 생기고 어떤 덩어리가 생깁니다.

13

원유를 수송하는 <영재호>가 인도 부근을 지나가던 중 큰 태풍을 만나 침몰했습니다. 하지만 배 안에 있던 보트를 이용해 탈출한 선장과 선원 7명의 목숨은 무사할 수 있었습니다. 보트 안에는 1 L의 물이 담긴 페트병 2개와 약간의 식량이 있었습니다. 2 L의 물은 표류를 하는 동안 선장과 선원들이 마시기에는 너무 적은 양입니다. 하지만 바닷물을 그냥 마시면 생명에 위험할 수 있으므로 다른 방법을 찾아야 합니다. 이 사람들은 바닷물을 마실 수 있는 물로 어떻게 만들었는지 그 방법을 서술하시오.   [10점]

14

가족들과 이번 여름방학에 사막 여행을 준비하던 영재는 인터넷 검색을 하던 중 어느 누군가가 올린 질문 글을 보게 되었습니다.

Q: 사막에서 방향을 잃으면 별자리를 보고 탈출할 수 있을까요?
사막에 홀로 떨어지게 되었을 때, 방향을 설정하고 탈출하기 위해 노력해야 하는데, 밤하늘의 별자리를 이용해 탈출해 나올 수 있을까요? 알려주세요.

위의 질문처럼 사막에서 탈출하기 위해 별자리를 이용하는 방법을 서술하시오.   [10점]

15

우리가 먹는 콩나물을 시루에서 기를 때 항상 검은 천으로 덮어 놓은 것을 볼 수 있습니다. 콩나물은 콩을 시루에 담고 물만 주어도 쑥쑥 자라기 때문에 집에서 기르며 먹는 사람들도 많이 있습니다. 이처럼 콩나물을 기를 때 검은 천으로 덮어 놓으면 빛을 받지 못하기 때문에 광합성을 하지 못하는데도 불구하고 콩나물이 잘 자랍니다. 그 이유를 서술하시오.

[10점]

16

기술이 발달하면서 우주로 여행하는 여행상품들의 광고가 나오고 있습니다. 하지만 우주여행을 하기 위해서는 우주선이 꼭 필요합니다. 만약 무중력 상태인 우주선 내부에서 종이비행기를 접어 날리면 어떻게 날아갈지 종이비행기의 움직임을 예상해 보고, 그 이유를 서술하시오.

[10점]

17

다음 그림의 토기와 말과 같은 초식동물과 사자와 호랑이 같은 육식동물의 시야 범위는 어떻게 차이나는지 쓰고, 그 이유를 서술하시오.

[10점]

토끼　　　말　　　사자　　　호랑이

18

지구의 자전 속도는 하루, 즉 24시간입니다. 만약 지구의 자전 속도가 느려진다면 일어날 수 있는 일을 예측하여 2가지 서술하시오. [10점]

19

우리의 생활이 편리해지고, 산업이 발달할수록 생태계는 점점 심하게 훼손되고 있습니다. 생물들이 함께 할 수 있는 공간인 생태계를 보호해야 하는 이유를 서술하시오. [10점]

20

차가운 바다 속에서 돌고래의 지느러미는 얼지 않고, 겨울에 강에서 물고기를 잡는 학(두루미)의 다리도 얼지 않습니다. 이 2가지 원리를 비교해 서술하시오. [10점]

정보

21

정보의 전달과 공유는 많은 사람들에게 지식을 습득할 기회를 제공해주며 정보를 재생산해서 필요한 사람들이 이를 활용할 수 있도록 합니다. 정보를 전달하는 방법을 4가지 말하고, 그 특징을 서술하시오. [10점]

22

같은 용량의 파일 3개를 차례로 내려 받으려고 합니다. 아래의 그래프 A, B는 각각 현재 내려 받는 파일의 전송 비율과 전체 파일의 전송 비율을 나타낸 것입니다. 전송 속도가 같은 파일 3개를 모두 내려 받는 데에는 총 30분이 걸리고, 전송을 시작한 지 t분 후에 B 그래프의 길이가 A 그래프의 길이의 두 배가 된다고 합니다. 이때, 가능한 t의 값을 모두 구하고, 풀이 과정을 서술하시오. [10점]

현재 내려 받는 파일의 전송 비율

A	

전체 파일의 전송 비율

B	

23

막대에 불을 붙이면 천천히 타면서 불꽃을 내는 프로그래밍 과정을 폭죽(스파클라) 프로그램을 사용하여 설계하려고 합니다. 단계적으로 프로그램을 설계하는 과정을 쓰고, 폭죽 프로그램을 만들기 위해서 필수적으로 가정해야 할 조건을 서술하시오. [10점]

24

다음 글은 빨래할 때의 알고리즘을 순서대로 작성한 것입니다. 알고리즘 성립 조건을 검토하고 논리적으로 서술하시오. [10점]

> ❶ 세제 투입구에 적당량의 세제를 넣습니다.
> ❷ 빨래할 옷을 세탁기 통 안에 넣습니다.
> ❸ 빨래를 하고자 하는 시간을 정하고 세탁기를 작동시킵니다.
> ❹ 세탁이 된 빨래를 꺼냅니다.

① 입력:

② 출력:

③ 명확성:

④ 유한성:

⑤ 수행가능성:

25

문제해결을 위한 일련의 규칙에 따라 논리적인 순서로 설명하고 표현하는 방법을 알고리즘이라고 합니다. 이럴 경우 과정에 대한 알고리즘이 달라지는 경우와 방법에 대한 알고리즘이 달라지는 경우의 차이점에 대해 서술하시오. [10점]

26

오늘은 보민이가 다니는 학교의 100 m 달리기 기록 측정이 있는 날입니다. 보민이는 시작점에서 출발하여 100 m 지점을 통과할 때 기록을 측정하여 15초 이하면 '통과', 15초 초과면 '탈락'이 출력되어 종료되는 순서도를 표현하려고 합니다. 이 순서도를 작성하시오. [10점]

27

다음 그림과 같이 1부터 9까지의 번호가 적힌 방에 다이아몬드가 한 개씩 놓여 있습니다. 1번 방으로 들어가서 아래 [규칙]에 맞게 방에 있는 9개의 다이아몬드를 모두 가지고 다시 밖으로 나올 수 있는 방법을 5가지 찾아 그려보시오. [10점]

〈 규칙 〉

• 이웃하고 있는 방으로만 이동할 수 있습니다.
• 한 번 들어갔던 방에는 다시 갈 수 없습니다.
• 일단 밖으로 나오면 다시 방으로 들어갈 수 없습니다.
• 5번 방에서는 밖으로 나갈 수 없지만 그 외 다른 방에서는 밖으로 나갈 수 있습니다.

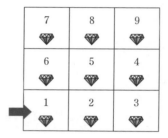

28

다음은 디지털로 표현된 자료를 그림으로 나타내는 〈규칙〉 입니다.

〈 규칙 〉

❶ 도형의 작은 정사각형 칸 안에 위에서부터 아래로, 왼쪽에서부터 오른쪽으로 순서대로 디지털로 표현된 자료의 숫자 0과 1을 도형에 옮겨 표시합니다.
❷ 0이 적힌 칸은 흰색으로, 1이 적힌 칸은 검정색으로 칠합니다.
❸ 칠해진 부분을 그림으로 나타냅니다.

다음과 같은 디지털로 표현된 자료를 위의 〈규칙〉에 따라 아래 그림에 그리고, 나타난 그림이 무엇인지 유추하시오. [10점]

000100 001100 011111 111111 011111 001100 000100

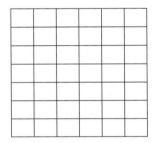

29

다음 그림은 색칠한 칸에 살아있는 세포가 아래의 [규칙]에 따라 번식하는 단계를 세대별로 나타낸 것입니다.

〈 규칙 〉

• 두 칸은 변 또는 꼭짓점이 만날 때 서로 이웃입니다.
• 살아있는 세포는 이웃이 2개 이상 살아 있어야 다음 세대에 살아남습니다.
• 살아있는 이웃이 3개 이상인 곳에는 다음 세대에 세포가 생겨납니다.
• 세포는 4세대까지만 생겨납니다.

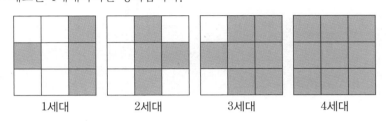

1세대   2세대   3세대   4세대

다음 주어진 각각의 경우 1세대 세포가 〈규칙〉에 따라 어떻게 번식하는지 그림으로 표현하시오. [10점]

(1)
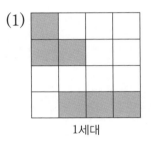
1세대

(2)
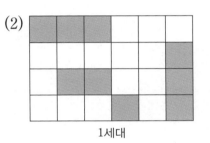
1세대

30

앞면은 1, 뒷면은 0이 적힌 이진수 카드 6장으로 만들 수 있는 가장 작은 이진수와 가장 큰 이진수를 쓰시오. 또, 두 수를 십진수로 나타내어 합을 구하고, 풀이 과정을 서술하시오. [10점]

수고하셨습니다.

스스로 평가하고 준비하는!

대학부설
영재교육원

봉투모의고사

초등

전진홍 편저

대학부설 영재교육원
집중 대비
고난도 실전 모의고사
3회분 수록!

"수학+과학+정보"
완벽 대비!
각종 경시대회 대비

대학부설 영재교육원
면접가이드
수록!

영재교육원의 모든 것!
"영재원TV"

PROFILE

전진홍

현) 대치MSG영재교육 대표

현) 대치올림피아드 영재센터 과학 원장

현) (주)싸이코컴퍼니 대표

현) 대치에듀 입시컨설팅 대표

현) 한눈에 보는 과학연대기 대표

현) MSG출판 대표

전) 싸전학원 원장

전) 목동하이스트 영재관 원장

전) 대치 미래탐구 대표 강사

전) 메가스터디 엠주니어 일타강사

전) 푸르넷 에듀 일타강사

스스로 평가하고 준비하는!

대학부설
영재교육원

봉투모의고사

초등

SD에듀
시대교육(주)

대학부설 영재교육원 집중대비

서울대학교	부산대학교
연세대학교	충북대학교
서울교육대학교	충남대학교
한양대학교	전북대학교
고려대학교	전남대학교
동국대학교	강원대학교
이화여자대학교	인제대학교
성균관대학교	울산대학교
아주대학교	창원대학교
인천대학교	경상대학교
가천대학교	순천대학교
경인교육대학교	안동대학교
청주교육대학교	군산대학교
광주교육대학교	제주대학교
경북대학교	공주대학교
대구대학교	목포대학교
경남대학교	⋮

전진홍 원장의 영재원TV
영재교육원에 대한 모든 정보를 전달드립니다.
www.youtube.com ➜ 영재원TV ➜ 구독

머리말

〈영재교육원 봉투모의고사〉를 기획하고 출간하기까지 3년이라는 시간이 지났습니다. 영재교육원에 가고 싶은 학생과 자녀를 영재교육원에 보내고 싶은 학부모님은 많지만, 정보가 부족하여 어려움을 겪는 경우를 많이 접했습니다. 그래서 처음에는 단순하게 영재교육원에 입학하고자 하는 학생에게 도움을 주고자 지필시험에 대한 정보 전달과 문제접근에 대한 트레이닝 정도를 목적으로 시작했습니다.

대치동 미래탐구학원에서부터 시작해 MSG영재교육에 도달하기까지 많은 합격자를 배출하여 학생들과 학부모님들의 큰 관심과 사랑을 받았습니다. 이 과정에서 영재교육원에 합격하지는 못하더라도 수업을 통해 '폭발적' 성장을 하는 아이들을 보며, 습득한 지식을 바탕으로 이루어지는 융·복합적 학습이 학생들에게 얼마나 긍정적인 영향을 주는지도 셀 수 없을 만큼 많이 경험했습니다.

'지피지기 백전불태', 자신의 위치를 알면 영재교육원에 접근하기 쉬울 것입니다. 오랫동안 준비해 오면서도 스스로가 접하고 있는 정보가 옳은지, 준비하는 과정이 맞는지 판단하는 것은 결코 쉽지 않습니다. 그래서 영재교육원 합격에 한 걸음 더 크게 내딛는 데 도움이 되고자 〈영재교육원 봉투모의고사〉를 기획하고, 출간하게 되었습니다.

영재교육원에 가고 싶어 하는 학생 여러분, 영재교육원에 왜 가고 싶나요?
자녀를 영재교육원에 보내고 싶은 학부모님, 영재교육원에 왜 보내고 싶으신가요?

이 질문에 제가 대답해 본다면, 영재교육원을 다니면서 받은 학습의 즐거움은 건강한 교육으로 이어질 수 있기 때문일 것입니다. 배움에 있어 독특하거나 화려하지 않아도 진정성이 있다면 그것만큼 특별한 것은 없습니다. 멋있어 보이는 현학적인 지식이 아니더라도 생각에 깊이를 더해 주는 지식이라면 그것이야말로 가장 특별하고도 진정성이 있는 건강한 배움일 것입니다. 이러한 배움을 영재교육원에서 얻을 수 있습니다.

저와 함께 공부하는 학생들의 대부분은 꿈을 꾸고, 목표를 이루기 위해 행복하게 공부합니다. 누군가가 시켜서 하는 경우보다 본인이 주도적으로 이해하고 스스로가 배움의 즐거움을 느끼면서 한 단계 성장할 수 있도록 개개인의 고유한 잠재력을 키워 나가고 있습니다. 가르치는 사람과 배우는 사람 모두가 행복한 교육, 스스로 학습하며 자신감을 키우고 성장할 수 있는 교육을 해 나가겠습니다. 감사합니다.

저자 **전진홍**

이 책의 구성

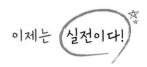
이제는 실전이다!

시험지를 그대로 재현한 모의고사

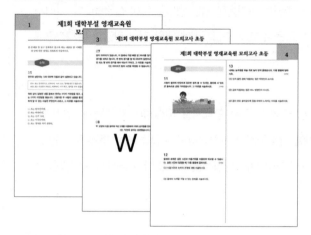

출제 가능성이 높은 문항으로 모의고사를 구성했습니다.

시험 직전, 시험 시간에 맞춰 모의고사를 풀어 보면서
실전 감각을 익히고 실력을 최종 점검해 보세요!

자세하고 명쾌한 해설

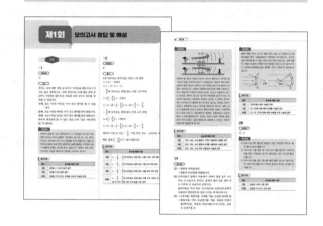

**풀어 본 내용을 스스로 점검할 수 있도록
자세하고 명쾌한 해설을 수록했습니다.**

해설의 답안과 자신의 답안을 꼼꼼하게 비교하여
실력을 향상해 보세요!

이 책의 차례

┃ 특별부록

영재교육원 소개 및 대학부설 영재교육원 면접가이드

운영주체에 따른 영재교육기관 구분

주체	프로그램	운영	내용
대학교	영재교육원	교육과학기술부	전국 27개 대학에서 실시 / 한국과학창의재단에서 지원
		교육청	전국 50개 대학에서 실시 / 시 · 도 교육청 지원
교육청	영재학급	단위학급	각 학교에서 실시
		지역공동	인근 및 학교 학생들을 대상으로 학급 구성
	영재교육원	교육청 직속	교육청 직속 운영
		과학고, 과학관 등	과학고, 과학관 직속 운영

 ## 대학부설 영재교육원과 교육청 영재교육원의 차이점

비교 항목	대학부설 영재교육원	교육청 영재교육원
관련법령	과학기술기본법, 영재교육진흥법	영재교육진흥법
운영 지원	한국과학창의재단	교육청
중심 강사	대학 교수	교육청 교사
선발 방안	교사관찰추천제＋판별도구	교사관찰추천제＋판별도구
교육 과정 근거	국민 공통 기본 교육 과정	국민 공통 기본 교육 과정
교육 목적	미래 과학자 발굴 / 육성 교육	수월성 교육 요구 충족
교육 목표	연구자의 경험 공유	지식의 심화 / 속진
대상 학년	초 5~6, 중 1~3	초 4~6, 중 1~3, 고 1
교육 과정	기초 / 심화 / 사사	기초 / 심화
교육 방법	강의, 실험 · 실습, 연구	강의, 실험 · 실습
시설 설비	대학 연구실	학교 실험실
중심 과정	사사	기초
주제 발굴	하고 싶은 주제	할 수 있는 주제

 ## 대학부설 영재교육원이 필요한 이유?

최근 들어 시대적인 흐름을 반영하며 대학부설 영재교육원이 가진 특징에 맞는 영재들을 선발하기 위해 모집절차에 여러 가지 변화를 주고 있다. 특히 대학부설 영재교육원에서 가장 두드러진 특징은 미래 산업의 주역으로 성장하기 위해 정보 또는 소프트웨어(SW) 분야를 신설하거나 모집정원을 늘리고 있다는 것이다. 또한, 이공계 관련 분야의 직업을 희망하는 학생, 영재교육원에서 영재학교로 진학을 희망하는 학생들에게 심화된 지식과 탐구역량을 성장시킬 수 있는 기회를 주고 있다.

대학부설 영재교육원 소개

 ## 대학부설 영재교육원의 설치 지역

설치 대학	교육원 소재지	광역 구분	선발 운영 포괄 지역
서울대학교	서울특별시	특별	서울특별시
고려대학교	서울특별시	특별	서울특별시
서울교육대학교	서울특별시	특별	서울특별시
연세대학교	서울특별시	특별	서울특별시
한양대학교	서울특별시	특별	서울특별시
이화여자대학교	서울특별시	특별	서울특별시
성균관대학교	서울특별시	특별	서울특별시
한국외국어대학교	서울특별시	특별	서울특별시, 경기도
인천대학교	인천광역시	광역	인천광역시
경인교육대학교	인천광역시	광역	인천광역시
아주대학교	경기도 수원시	수도권	경기도
동국대학교	경기도 고양시	수도권	경기도
가천대학교	경기도 성남시	수도권	서울특별시, 경기도, 인천광역시
대진대학교	경기도 포천시	수도권	경기도
강원대학교	강원도 춘천시	시	강원도 및 경기도 일원
충북대학교	충청북도 청주시	시	충청북도, 세종특별자치시
청주교육대학교	충청북도 청주시	시	충청북도
공주대학교	충청남도 공주시	시	충청남도, 대전광역시, 세종특별자치시
충남대학교	대전광역시	광역	대전광역시, 세종특별자치시
경북대학교	대구광역시	광역	대구광역시
대구교육대학교	대구광역시	광역	대구광역시, 경상북도
대구대학교	경상북도 경산시	시	경상북도
안동대학교	경상북도 안동시	시	경상북도
금오공과대학교	경상북도 구미시	시	경상북도
전북대학교	전라북도 전주시	시	전라북도
군산대학교	전라북도 군산시	시	전라북도
전남대학교	광주광역시	광역	광주광역시, 전라남도
광주교육대학교	광주광역시	광역	광주광역시, 전라남도
순천대학교	전라남도 순천시	시	전라남도
목포대학교	전라남도 무안군	시	전라남도
부산대학교	부산광역시	광역	부산광역시, 양산시, 밀양시
울산대학교	울산광역시	광역	울산광역시, 경상남도
경남대학교	경상남도 창원시	시	경상남도
경상대학교	경상남도 진주시	시	경상남도
창원대학교	경상남도 창원시	시	경상남도
인제대학교	경상남도 김해시	시	경상남도 김해시
제주대학교	제주특별자치도 제주시	시	제주특별자치도

서울특별시 주요 대학부설 영재교육원 특징 비교

학교	선발 인재상의 변화	특징
서울대학교	사회적 지능, 지적 호기심, 독서력, 열정, 감사하는 마음	❶ 자소서 작성 시 독서에 대한 부분은 관련 전공 분야에 대한 깊이가 있는 책을 선택하여 "전공−인문−인성" 순서로 본인 어필이 필요 ❷ 서울대는 자소서 항목이 서울대 입시 자소서와 비슷하기 때문에 수준을 학생에 맞추어서 쓰는 것보다 학생이 전문적인 지식을 가지고 있는 것을 보여 줄 수 있게끔 글을 다듬어 작성 ❸ 원고지 형태로 제출하며, 글자 수 제한에 절대적으로 신경써야 함 ❹ 비교과 수상 내역에서 탐구적인 역량을 부각하기 위해 개념 이론에 대한 기록보다는 자신이 직접 탐구한 내용 한 가지를 꼼꼼하고 깊이 있게 적어 자소서 내용을 작성 ❺ 서울대 영재교육원은 학습량이 많은 학생들을 우선 선발할 가능성이 매우 높을 것으로 판단되나, 오히려 독서량이 많아 외부적인 활동이나 체험적인 활동으로 학습이 되어 있는 학생들을 주로 선발 ❻ 선발 시 지필평가가 있으며, 자신이 지원하는 분야에 관련된 영역에서 고르게 문제가 출제 되고 있음(23학년도 선발기준)
서울교육대학교	지적 호기심, 열정, 낙관성, 독서력	❶ 모집 선발에 대한 변화를 평균 2년마다 주고 있다고 판단됨 ❷ 전년도 경향 분석을 통한 전략적 준비가 필요(수학, 과학, 정보에 관한 문제가 고르게 출제되어 응시자의 역량을 파악함) ❸ 교과적인 선행과 심화학습 없이 시험을 준비하기 어려움 ❹ 지원 분야에 상관없이 기본적인 코딩 능력을 필요
고려대학교	지적 호기심, 학습적 역량, 문제해결력	❶ 온라인 과제 평가 기간(12주)을 통한 문제해결 과정에 대한 평가 실시 ❷ 24학년도 모집부터 3월에 선발하던 방식을 변경하여 9월에 모집 ❸ 선발 과제에 대한 역량 평가를 통해 응시기간 동안에도 지원자가 성장하도록 함
연세대학교	학습적 역량, 사회적 지능, 열정	❶ 1차 통과 후 작성하는 자소서 내용에 글자 수 제한 없음 ❷ 자소서에는 본인이 어필하고 싶은 내용을 모두 기재하도록 함 ❸ 철저하게 본인이 학습한 내용을 모두 기재하고, 수상 실적 내용과 학습 진도 과정 기재 가능 ❹ 특히 비교과에 대한 수상 실적은 내용과 함께 구체적으로 설명해 주어야 함 ❺ 자소서는 깔끔하게 기재하여 제출하도록 하는 기본적인 매너를 지켜야 함 ❻ 초 6, 중 1 지원 학생들 중에서 영재고를 준비한 경험이 있는 학생이라면 지필시험에서 유리함 ❼ 수학 기준: 수상/수하 수준, 과학 기준: 중등 과정 심화 수준

※ 한양대학교, 동국대학교, 이화여자대학교, 성균관대학교, 가천대학교 영재교육원에 대한 특징은 별도로 기재하지 않았습니다. 해당 영재교육원 사이트에서 확인해 주세요.
※ 선발 과정이 변경될 수 있으니 반드시 2024학년도 모집요강을 확인하시기 바랍니다.

영재교육원 면접가이드

 ## 면접의 순서 및 자세

면접은 최초 3분이 매우 중요합니다. 이 시간 동안 지원자는 면접관에 대해 역면접을 하게 되며, 서로가 첫인상을 바탕으로 나름대로의 평가를 하게 됩니다. 이 최초 3분에서 어떤 자세와 태도를 가지고 있느냐에 따라 나머지 시간의 활용과 효과가 달라집니다. 지원자는 긍정적인 정보를 먼저 말하는 것이 좋습니다. 면접관이 긍정적인 정보를 먼저 접하면 그 다음 질문이나 필요 요건을 수용적으로 평가하는 반면, 부정적인 정보를 먼저 접하면 여기에 영향을 받아 평가에도 부정적인 영향을 줄 수 있는 심리적 오류를 범할 수 있기 때문입니다. 지원자는 이 최초 3분에서 면접관에게 좋은 인상을 주어야 하며, 별도의 평가 기준이 존재하지만 좋은 인상은 평가에 영향을 미칠 수 있는 소지가 충분히 있습니다.

면접 및 구술 시험은 크게 3가지로 구분될 수 있습니다. 개인 면접, 집단 면접, 그리고 집단 토론식 면접입니다. 면접의 객관성을 유지하기 위해 보통 면접관(평가자)는 2인 이상입니다. 면접이란 얼굴을 맞대고 언어를 매개로 하여 면접관과 학생 간의 상호 작용을 바탕으로 학생이 지닌 특성을 분석하는 방법입니다. 면접은 지필검사로 측정할 수 없는 학생들의 신체적 특성이나 성격, 정서, 행동 특성을 면접관의 눈을 통해 직접 측정하는 데 목적이 있습니다. 즉, 면접은 면접관의 직접 관찰을 통해 응시하는 학생이 가지고 있는 특성들을 객관적인 태도를 견지하며 종합적으로 평가하는 방법이라 할 수 있습니다.

면접에서는 면접에 임하는 자세와 태도 또한 중요합니다. 면접이라는 방법을 통해서 다양한 질문과 응답이 오고갈 것입니다. 이러한 과정 속에서 응시자는 응답 내용뿐만 아니라 면접에 임하는 자세와 태도를 토대로 평가받게 되므로 여러 가지 측면에서 준비해야 합니다. 먼저 면접에 임하는 응시자는 진지한 태도를 갖되 지나치게 경직되거나 긴장하지 않도록 마음의 여유를 갖고 안정된 상태를 유지하도록 노력합니다.

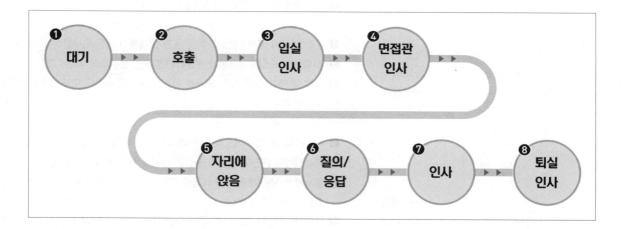

★ 심층면접 대비를 위해서 따로 공부를 하는 것보다는 평소에 수학 · 과학에 관련된 책이나 기사를 편한 마음으로 읽어둡니다. 그리고 나서 면접 기출문제나 비슷한 문제에 대해 스스로 생각해 보고 발표하는 연습을 해 보는 것이 좋습니다.

★ 생각한 내용을 주절거리지 말고 간략하게, 자신 있게, 조리 있게 발표합니다.

★ 면접관에게 잘 보이기 위해 본인이 알고 있는 사실이 아닌 과장되거나 허황된 답변을 한다면 오히려 독이 됩니다. 본인이 알고 있는 내용 안에서 최대한 성의 있게 쓰고 말합니다. 혹시 본인이 모르는 문항이 나왔다면 당황하지 말고 "지금은 정확히 모르지만 앞으로 더 열심히 공부하고 노력하겠다."라는 의지를 표현하는 것이 좋습니다.

스스로 작성해 보는 면접 대비 평가서

☑ **면접 평가 체크리스트**　　　　　　　20 ． ． ．　이름:

구분	관찰내용	점수
일반능력	또래 아이들보다 풍부한 어휘력을 구사한다.	5　4　3　2　1
	새로운 정보에 대한 이해가 빠르다.	5　4　3　2　1
	어떤 상황이나 현상에 대한 인과 관계를 빨리 파악한다.	5　4　3　2　1
	자신의 생각을 논리적으로 표현한다.	5　4　3　2　1
	소계	
리더십	분명한 삶의 목적과 사명 의식을 가지고 있다.	5　4　3　2　1
	자신의 능력을 믿으며 스스로를 자랑스럽게 여긴다.	5　4　3　2　1
	모둠 활동을 할 때 다른 친구들과 뜻을 잘 맞추면서 한다.	5　4　3　2　1
	소계	
학업적성	지원하는 분야에 대한 호기심이 강하다.	5　4　3　2　1
	지원하는 분야와 관련된 배경지식이 다양하고 풍부하다.	5　4　3　2　1
	소계	
창의성	어떤 상황이 발생되면 다양한 아이디어를 산출해 낸다.	5　4　3　2　1
	주어진 문제에서 다양한 시각으로 방법을 찾아 해결한다.	5　4　3　2　1
	문제를 해결하기 위해 산출한 아이디어나 자료를 논리적으로 분석하고 추론한다.	5　4　3　2　1
	소계	
합계		점
종합의견		

영재교육원 면접가이드

 ## 면접 점수 총점 기준표

총점 구분	등급	내용
51~60점	A+	2014~2023학년도 면접 응시자를 대상으로 진행한 평가에서 합격한 학생들의 최저 점수가 36점이었습니다. 이 경우는 순간적인 판단이 중요하므로 상황에 대한 순발력을 기르고 자신이 읽었던 수학·과학 책의 내용을 정리하며 마무리할 것을 권장합니다.
41~50점	A	
36~40점	B	
31~35점	C	면접 상황에서 많이 긴장하여 순간적으로 질문에 대한 답변이 정리가 잘 안 되는 경우가 많습니다. 집에서 핸드폰 촬영 등을 통해 자신의 모습을 보고 부족한 부분을 보완해 주세요.
21~30점	D	
20점 이하	E	많은 노력이 필요합니다. 질문에 대한 이해가 늦고 면접이라는 긴장감이 더해져 입을 떼기가 어려운 상태입니다. 남은 기간 면접에 집중해야 하는 상태입니다.

 ## 면접 점수 총점에 대한 이해

대학부설 영재교육원 1차 지필평가를 통과한 학생을 대상으로 2014~2023학년도 면접 응시자 합격 데이터를 활용하여 작성한 등급 구간입니다.

합격 당락을 좌우하는 자료로 활용하기보다는 남은 기간 동안 필요한 노력에 대한 방향을 설정하는 자료로 활용하는 것이 좋습니다.

01 달에 야구장을 만들었을 때 야구 경기를 진행하는 동안 어떤 일들이 발생할 수 있는지 말해 보시오.

TIP 야구물리학을 참고하여 물리학적으로 답변한다.

02 자소서 및 산출물에 대한 내용 질문

TIP 자소서 내용 및 산출물에 대한 세부 내용을 숙지한다.

03 소수의 정의에 대해서 말해 보시오.

TIP 소수의 정의를 내리고 자신이 가진 소수에 대한 의견을 이야기하는 것이 중요하다.

04 1이 소수인지 아닌지에 대해서 설명하시오.

TIP 1이 소수인지 아닌지에 대해 답변한 후 가볍게 질의를 할 수 있도록 상황 전개를 유도한다.

05 다음에 주어진 그래프를 보고 설명하시오.

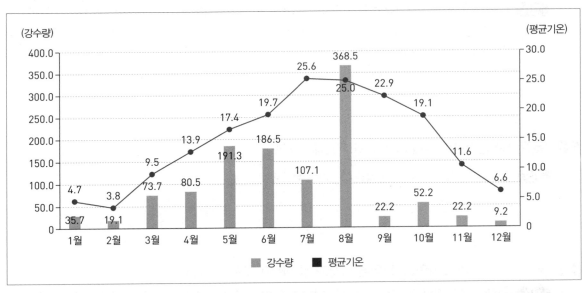

TIP 그래프에 대한 내용은 없지만 그래프를 읽을 때는 x축이 대입값(원인), y축이 결과값인 것을 인지하고 분석하여 답변하는 것이 중요한다.

06 서로 친구인 A와 B가 길을 가다가 바닥에 떨어진 핸드폰을 주웠다. 이 핸드폰의 처리에 대해 A와 B가 옥신각신하게 된 상황을 본인이 길을 가다가 마주쳤다면 본인은 어떻게 대처할지 말해 보시오.

> **TIP** 인성문제에 대한 답변은 옳고 바르게 답변하는 것도 매우 중요하지만 상황에 대한 자신의 배려와 비평이 같이 들어가야 하며, 미래에 개선할 수 있는 사항이 무엇인지에 대해서도 이야기할 수 있어야 한다.

07 태양이 없으면 지구가 어떻게 될지 말해 보시오.

> **TIP** 태양이 없을 경우 단순히 지구가 얼음별이 된다는 생각으로 접근하지 말고, 대안점을 제시할 수 있는 답변을 해야 한다.

08 태양계의 행성들 간의 거리가 점점 멀어진다면 지구에서는 어떤 일이 발생할지 말해 보시오.

> **TIP** 태양계의 행성들 간의 거리가 멀어지는 것은 태양의 만유인력과 행성의 원심력에 대한 내용으로 답변하기 쉬우나, 우주 팽창이론으로 접근하여 답변하는 것이 좋다.

09 일반인을 대상으로 생체 실험을 하는 것이 옳다고 생각하는가? 옳지 않다고 생각하는가? 자신의 의견을 말해 보시오.

> **TIP** 생체 실험과 임상 실험에 대한 정의를 먼저 알고 있어야 답변하기 쉽다. 윤리적인 면에서만 답변을 하다 보면 핵심을 놓칠 수가 있으므로 나치의 인체 실험에 대한 자신의 의견을 간단하게 설명하고 복제인간의 활용과 반윤리성을 같이 답변에 활용하면 좋다.

10 '운동량과 충격량이 같다'라는 식을 유도해 보시오.

> **TIP** $F = ma$와 $a = \dfrac{V}{t}$라는 공식을 이용하여 유도한다.

11 부모님의 직업이 의사인데, 본인은 의사가 될 마음이 있는지 말해 보시오.

> **TIP** 의사에 대한 직업관에 대해서는 서울대학교 전체가 반론이 거세므로, 지금 본인 스스로가 이공계열에 대한 관심을 피력하기 위한 면접 질의 장소에 있다는 것을 잊으면 안 된다. 이 질문에 대해서는 반대하고 자신이 과학에 대한 열정이 있음을 면접관에게 알려야 한다.

12 오늘 가지고 온 〈인포메이션〉이라는 책을 선택한 이유를 말해 보시오.

TIP 우리는 그 누구라도 컴퓨터 혹은 스마트폰만 가지고 있으면 세계 어느 나라든 실시간으로 정보 전달과 소통이 가능한 시대에 살고 있다. 그러나 전기통신이 출현하기 전에는, 멀리 떨어져 있는 곳에 소식이나 정보를 전달하는 것은 쉬운 일이 아니었다. 전화, 팩스, 인터넷, 스마트폰 등 우리가 현재 사용하는 편리한 소통의 도구들은 어떻게 발명되고 발전하게 된 것일까? 이 책은 이와 같은 이야기를 다루고 있다는 간략한 내용 설명과 이유를 말한다.

13 〈카오스〉라는 책에 제시된 '나비 효과'의 개념은 무엇인지 예를 들어서 설명하시오.

TIP 나비 효과는 혼돈 이론에서 초기값의 미세한 차이에 의해 결과가 완전히 달라지는 현상임을 알고, 이것과 연관지어 답변한다.

14 씽크홀이 생기는 이유는 무엇이며, 중력을 측정하는 장비가 있을 경우 돌고 있는 지구에서 씽크홀이 있는 곳을 예측하고 측정할 수 있는지 설명하시오.

TIP 씽크홀의 발생 원인에 대해 숙지하고 중력과 자전하는 지구의 관계를 논리적으로 설명할 수 있는 것이 중요하다.

15 해수의 수온층은 어떻게 구분되며, 수온약층이 생기는 원인은 무엇인지 말해 보시오.

TIP 혼합층, 수온약층, 심해층으로 구분되는 것과 원인에 대해 같이 말해야 한다.

16 우리나라의 산은 주로 화강암으로 이루어져 있다. 이렇게 화강암으로 이루어진 이유를 말해 보시오.

TIP 화강암은 땅속 깊은 곳에 있는 마그마가 천천히 냉각되어 알갱이가 큰 조립질의 암석이다. 이런 암석이 지각변동에 의해 위로 솟아오르게 되면서 산맥을 이루고 있는 산의 형태로 모양을 갖추게 되었다고 설명해야 한다.

17 다음의 그래프를 해석하시오.

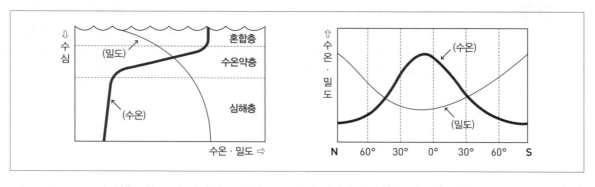

> **TIP** 바다 속 온도 및 염분, 수심 그래프에서 각 그래프의 곡선이 무엇을 의미하는지 설명할 수 있어야 한다.

18 자신이 일상생활에서 경험한 것 중 과학적 원리가 적용된 경우를 한 가지 말하고, 그 경험에서 적용되었던 과학적 사례를 말해 보시오.

> **TIP** 일상생활에서 과학적인 경험은 무한가지이다. 너무 어렵게 설명하지 말고 자신이 오늘 면접장에 도착할 때까지 본 것에 대한 과학적 경험을 토대로 이야기를 전개해 나가도 좋다.

19 햄과 베이컨 등과 같은 육가공품 처리과정에 대해서 화학적으로 설명하시오.

> **TIP** 아질산염 처리에 대한 내용을 토대로 설명하면 된다. 이런 내용은 시사성을 많이 담고 있어 시사적인 부분을 포함해 이야기를 하는 경우가 있으나 육가공 과정에서 사용된 물질의 화학반응과 육류에 미치는 영향 정도까지만 답변하는 것이 좋다.

20 알고리즘이 무엇인지 설명하시오.

> **예시답변** 알고리즘이란 어떠한 주어진 문제를 풀기 위한 절차나 방법을 말하는데 컴퓨터 프로그램을 기술함에 있어 실행 명령어들의 순서를 의미합니다.

21 ○○ 영재교육원에 들어와서 본인이 공부하면서 해 보고 싶은 일이 있다면 무엇인지 말해 보시오.

> **예시답변** 제가 가진 실력을 바탕으로 개인적인 이익보다 사회적으로 기여할 수 있는 프로그램을 만들고 싶습니다. 그래서 미래의 계획을 이곳 ○○ 영재교육원에서 학습하는 동안 구체화하고 싶습니다. 이런 계획을 가지고 ○○년도 올해는 로봇 프로그램(경우에 따라서는 다른 예시를 들어도 괜찮다)에 대한 공부를 같이 해 보고 싶습니다.

22 '빅데이터'란 용어에 대해서 말해 보시오.

예시답변 빅데이터는 말 그대로 엄청나게 많은 데이터의 집합체입니다. 그리고 인간의 의도에 따라서 이 데이터에서 여러 가지 정보를 선별·분석하여 향후 다가올 미래를 예측하거나 사용하고자 하는 목적에 맞게 접목시킬 수 있습니다. 빅데이터에는 규모, 다양성, 속도라는 3가지 조건이 있습니다. 정보화 혁명 이후는 데이터를 수집하는 속도보다 데이터가 생겨나는 속도가 더 빠르다고 합니다. 하지만 빅데이터를 이용하면 인터넷을 사용하는 모든 인구 20억~30억 명의 정보와 의견을 아주 빠르고 정확하게 종합해 낼 수 있습니다. 쓸데없는 의사결정과정을 줄임으로써 시간을 절약하고 효율적으로 움직일 수 있을 것입니다. 국가의 입장에서는 재난이나 사고를 더욱더 줄이고 국가경쟁력을 키울 수 있으며, 개인의 입장에서는 다가올 미래를 조금이라도 대비할 수 있게 됩니다.

23 코딩(coding)에 대해서 말해 보시오.

예시답변 컴퓨터에서는 데이터 처리 장치가 받아들일 수 있는 기호형식에 의해서 데이터를 표현하는 것을 코딩이라 합니다. 하지만 코딩이라는 것은 우리 생활 어느 곳에서나 찾아볼 수 있습니다. 심지어는 라면 봉지 뒤에 적힌 '라면 끓이는 방법'도 일상생활에 녹아 있는 코딩이라 할 수 있습니다. 그래서 스스로가 코딩에 대해서 정의를 내려 본다면 '목적을 이루기 위한 프로세스'라 말하고 싶습니다.

24 인공지능(AI)의 뜻에 대해서 설명하시오.

예시답변 인공지능이란 사고나 학습 등 인간이 가진 지적 능력을 컴퓨터를 통해 구현하는 기술입니다. 인공지능은 개념적으로 강 인공지능(Strong AI)과 약 인공지능(Weak AI)으로 구분할 수 있습니다. 강 인공지능은 사람처럼 자유로운 사고가 가능한 자아를 지닌 인공지능을 말합니다. 인간처럼 여러 가지 일을 수행할 수 있다고 해서 범용인공지능(AGI, Artificial General Intelligence)이라고도 합니다. 강 인공지능은 인간과 같은 방식으로 사고하고 행동하는 인간형 인공지능과 인간과 다른 방식으로 지각·사고하는 비인간형 인공지능으로 다시 구분할 수 있습니다. 약 인공지능은 자의식이 없는 인공지능을 말합니다. 주로 특정 분야에 특화된 형태로 개발되어 인간의 한계를 보완하고 생산성을 높이기 위해 활용됩니다. 인공지능 바둑 프로그램인 알파고(AlphaGo)나 의료분야에 사용되는 왓슨(Watson) 등이 대표적입니다. 현재까지 개발된 인공지능은 모두 약 인공지능에 속하며, 자아를 가진 강 인공지능은 등장하지 않았습니다.

영재교육원 면접가이드

그 밖의 면접 질문 예시

 [공통] 지원자 질문 맞춤 면접 문항

1. 왜 영재교육원을 지원하게 되었는가?

2. 누구의 추천으로 지원하게 되었는가?

3. 장래희망이 무엇인가?

4. 영재교육원에서 하고 싶은 것은 무엇인가?

 [인성] 지원자 질문 맞춤 면접 문항

1. 나의 행동이 남들에게 도움을 준 '예'가 있는가? 있다면 나의 삶에 어떠한 영향을 주었는지 말해 보시오.

2. 반에서 따돌림을 당하는 친구가 있을 때 어떻게 행동해야 하는지 말해 보시오.

3. 학생들에게 가장 인기 있다고 생각하는 책과 그 이유를 말해 보시오.

4. 학생은 20년 후에 어떤 사람이 되어 있을지 말해 보시오.

5. 다른 학교 및 영재교육원 시험을 본 적이 있는가? 왜 이곳을 지원했는지 말해 보시오.

6. 최근에 읽었던 책의 제목과 내용은 무엇인가?

7. 가장 감명 깊게 읽은 책을 말하고, 그 이유를 말해 보시오.

8. 자신이 가장 존경하는 과학자(또는 수학자, 인물)를 말해 보시오. 또 그 과학자(또는 수학자, 인물)의 업적과 그 업적이 우리 생활에 미친 영향을 설명하고, 존경하는 이유를 말해 보시오.

9. 수학(과학, 영어)을 못하는 친구들이 같은 반에 있으면 어떻게 수학(과학, 영어)을 좋아하게 만들 수 있는지 말해 보시오.

[정보] 지원자 질문 맞춤 면접 문항

1. 컴퓨터 자격증을 보유하고 있는가? 있는 자격증의 종류에 대해 말해 보시오.

2. 본인이 컴퓨터를 사용한 경험 중에서 가장 기억에 남는 일은 무엇인가?

3. '스크래치' 프로그램을 사용해 본 적이 있는가? 사용해 본 적이 있다면 설명해 보시오.

4. C++언어를 사용하여 컴퓨터를 다루어 본 적이 있는가? 있다면 사용해서 만들어 본 프로그램은 무엇인지 말해 보시오.

5. 본인이 앱을 만든다면 어떤 종류의 앱을 만들 것인지 말해 보시오. 그리고 그 이유는 무엇인가?

6. 대학부설 영재교육원의 수학, 과학이 아닌 '정보 분야'에 지원하게 된 이유가 무엇인가?

7. 대학부설 영재교육원에 들어와서 본인이 정보를 공부하면서 해 보고 싶은 일이 있다면 무엇인가?

8. 정보를 공부하는 데 무엇이 필요하다고 생각하는지 본인의 생각을 말해 보시오.

9. 우리나라는 인터넷 최강국입니다. 인터넷의 올바른 사용법은 무엇이라고 생각하는지 말해 보시오.

10. 인터넷 게시판의 악플에 대해 본인이 느끼는 것은 무엇인가?

11. 현대사회에서 정보가 필요한 이유에 대해 말해 보시오.

12. 인터넷에 댓글(리플)을 남겨 본 경험이 있는가? 있다면 건전한 댓글 문화를 만들기 위한 응시자의 생각을 말해 보시오.

13. 코딩(coding)에 대해서 말해 보시오.

14. 정보 분야에 합격한다면 본인이 영재교육원에 들어와서 하고 싶은 공부는 무엇인가?

15. C언어에 대해 알고 있는 것을 말해 보시오.

16. 인터넷을 이용한 효율적인 검색 방법이 있다면 말해 보시오.

17. 인터넷에서 올바른 정보와 거짓 정보를 구분하는 방법에 대해 설명해 보시오.

Always with you

대학부설 영재교육원
모의고사
초등

정답 및 해설

제1회
제2회
제3회

01

모범답안

④

이유

연우는 A에 대한 설명 중 3가지 거짓말을 했으므로 1가지는 옳은 설명입니다. 이때 성민이는 A에 대한 설명 중 2가지 거짓말을 했으므로 다음과 같은 3가지 경우를 생각할 수 있습니다.

첫째, A는 미국인 여자로 키가 작고 영어를 할 수 있습니다.

둘째, A는 미국인 여자로 키가 크고 영어를 하지 못합니다.

셋째, A는 미국인 남자로 키가 작고 영어를 하지 못합니다.

따라서 확실하게 알 수 있는 것은 ④의 "A는 미국인이다."가 됩니다.

개념해설

연우의 설명 중 "A는 한국인이다."가 거짓말이 아니면 A에 대한 나머지 3가지 설명이 거짓말이 됩니다. 즉, A는 한국인이고, 여자이며 키가 작고 영어를 하지 못합니다. 이를 성민이의 설명과 비교하면 성민이의 설명 중에는 거짓말이 없기 때문에 문제의 조건과 맞지 않습니다. 따라서 A는 미국인이라는 사실을 바탕으로 경우를 나누어야 합니다.

평가기준

점수	요소별 채점 기준
5점	경우를 1~2가지 찾은 경우
7점	경우를 3가지 찾은 경우
10점	경우를 3가지 찾고, 이유를 바르게 서술한 경우

02

모범답안

2

풀이

1과 마주보는 면에 있는 수를 □라 하면

$\square + 1 = -3$에서

$\square = -3 - 1 = -4$

$-\dfrac{2}{3}$와 마주보는 면에 있는 수를 ○라 하면

$\bigcirc + \left(-\dfrac{2}{3} \right) = -3$에서

$\bigcirc = (-3) - \left(-\dfrac{2}{3} \right) = (-3) + \dfrac{2}{3} = -\dfrac{7}{3}$

$-\dfrac{5}{2}$와 마주보는 면에 있는 수를 △라 하면

$\triangle + \left(-\dfrac{5}{2} \right) = -3$에서

$\triangle = (-3) - \left(-\dfrac{5}{2} \right) = (-3) + \dfrac{5}{2} = -\dfrac{1}{2}$

따라서 가장 큰 수는 $-\dfrac{1}{2}$, 가장 작은 수는 -4이므로 구하는 곱은 $\left(-\dfrac{1}{2} \right) \times (-4) = 2$입니다.

평가기준

점수	요소별 채점 기준
3점	1. $-\dfrac{2}{3}$, $-\dfrac{5}{2}$와 마주보는 면에 있는 수를 1개만 구한 경우
5점	1. $-\dfrac{2}{3}$, $-\dfrac{5}{2}$와 마주보는 면에 있는 수를 2개 구한 경우
7점	1. $-\dfrac{2}{3}$, $-\dfrac{5}{2}$와 마주보는 면에 있는 수를 모두 구한 경우
10점	1. $-\dfrac{2}{3}$, $-\dfrac{5}{2}$와 마주보는 면에 있는 수를 모두 구하고 가장 큰 수와 가장 작은 수의 곱을 구한 경우

03

예시답안

잴 수 있습니다.

벽돌을 탁자의 모서리에 맞춘 후, 벽돌의 길이만큼 모서리를 따라 이동시키면 대각선의 길이를 쉽게 잴 수 있습니다.

풀이

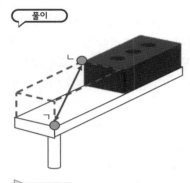

평가기준

점수	요소별 채점 기준
5점	자를 사용하지 않고 다른 창의적인 방법을 사용하여 대각선의 길이를 재는 방법을 서술한 경우
7점	피타고라스 정리를 사용하여 대각선의 길이를 구한 경우
10점	대각선의 길이를 재는 방법을 자를 사용하여 서술한 경우

04

모범답안

H

이유

A에서 I까지의 학생이 각각 100점을 받았다고 가정했을 때, 각 학생이 대답한 것이 참이면 ○표를, 거짓이면 ×표를 하여 각각의 경우를 표로 나타내면 다음과 같습니다.

구분		대답을 한 사람								
		A	B	C	D	E	F	G	H	I
100점 받은 사람	A	×	○	×	×	×	×	○	○	○
	B	×	○	×	×	×	×	○	○	○
	C	×	○	○	○	×	○	×	×	×
	D	×	○	×	×	×	×	○	○	○
	E	○	×	×	×	○	×	×	×	×
	F	×	○	×	×	×	×	○	○	○
	G	×	○	×	×	×	×	○	○	○
	H	×	○	×	○	×	×	○	×	×
	I	×	○	×	×	×	×	○	○	○

사실을 말하고 있는 학생이 3명뿐인 경우는 H가 100점을 받았다고 가정했을 때입니다.

따라서 100점을 받은 학생은 H임을 알 수 있습니다.

평가기준

점수	요소별 채점 기준
3점	참, 거짓 구분표를 작성하지 않고 답만 구한 경우
7점	참, 거짓 구분표를 작성하여 9명이 대답한 내용을 구분했으나 H를 찾지 못한 경우
10점	참, 거짓 구분표를 작성하고 답과 이유를 바르게 서술한 경우

05

모범답안

(1) 지영: −7점

(2) 지민: −13점

풀이

(1) $(+5)+2\times(-2)+4\times(-2)=5-4-8=-7$
   이므로 지영이의 점수는 −7점이다.

(2) $(+3)+2\times(-2)+6\times(-2)=3-4-12=-13$
   이므로 지민이의 점수는 −13점이다.

평가기준

점수	요소별 채점 기준
3점	풀이 과정 없이 지영이와 지민이의 점수만 구한 경우
6점	지영이와 지민 중 한 사람의 점수와 풀이 과정만 구한 경우
10점	지영이와 지민이의 점수와 풀이 과정을 모두 바르게 구한 경우

06

모범답안

2번

풀이

9개의 황금 돼지모형을 3개씩 A, B, C 3묶음으로 나눈 후 그 중 A, B 2묶음을 양팔저울의 접시에 각각 1묶음씩 올려놓습니다. 양팔저울이 균형을 이루면 남아있는 C 묶음에 가짜 황금으로 만든 돼지모형이 있고, 양팔저울이 기울어지면 올라간 묶음에 가짜 황금으로 만든 돼지모형이 있습니다.

즉,
(A 묶음)=(B 묶음)이면 C 묶음에 가짜 황금으로 만든 돼지모형이 들어 있습니다.
(A 묶음)<(B 묶음)이면 A 묶음에 가짜 황금으로 만든 돼지모형이 들어 있습니다.
(A 묶음)>(B 묶음)이면 B 묶음에 가짜 황금으로 만든 돼지모형이 들어 있습니다.
이제 가짜 황금으로 만든 돼지모형이 들어 있는 묶음 속 3개의 돼지모형의 무게를 비교합니다.
3개 중 2개를 각각 1개씩 양팔저울의 접시에 올려놓았을 때, 균형을 이루면 나머지 1개가 가짜 황금으로 만든 돼지모형이고, 균형을 이루지 않으면 올라간 쪽이 가짜 황금으로 만든 돼지모형입니다.

평가기준

점수	요소별 채점 기준
5점	최소한의 측정 횟수를 구하지 못했지만 방법을 제대로 서술한 경우
10점	최소한의 측정 횟수를 구하고, 방법을 제대로 서술한 경우

07

모범답안
7번의 경주

풀이
① 1~5번째 경기: 예선전으로 5마리씩 조를 나누어 조별로 경기를 하면 25÷5=5 (번)입니다.

A조	🐎 🐎 🐎 🐎 🐎
B조	🐎 🐎 🐎 🐎 🐎
C조	🐎 🐎 🐎 🐎 🐎
D조	🐎 🐎 🐎 🐎 🐎
E조	🐎 🐎 🐎 🐎 🐎

② 6번째 경기: 각 조에서 1등을 한 5마리의 말끼리 경기를 합니다. 이때 1등한 말이 전체 25마리 중에서 가장 빠른 말입니다.

A조에서 1등한 말
B조에서 1등한 말
C조에서 1등한 말
D조에서 1등한 말
E조에서 1등한 말

③ 7번째 경기: 7번째 경기에서는 다음 5마리의 말이 경기를 합니다.

6번째 경기에서 2등한 말
6번째 경기에서 3등한 말
6번째 경기에서 1등한 말과 같은 예선조의 2등한 말
6번째 경기에서 1등한 말과 같은 예선조의 3등한 말
6번째 경기에서 2등한 말과 같은 예선조의 2등한 말

이렇게 뽑은 이유는 가장 빠른 말 3마리를 찾는 것이므로 예선조에서 4등과 5등은 고려할 필요가 없기 때문입니다. 그리고 1등이 나온 예선조의 2등과 3등은 6번째 경기에서 2등과 3등한 말보다 빠를 가능성이 있으므로 함께 경기해서 비교하는 것입니다. 7번째 경기에서 1등과 2등한 말이 전체 25마리 중에서 2번째, 3번째 빠른 말입니다.
따라서 가장 빠른 3마리의 말을 찾아내기 위해서는 최소 7번의 경기를 해야 합니다.

평가기준

점수	요소별 채점 기준
5점	최소 경기 수만 바르게 구한 경우
10점	최소 경기 수를 구하고, 그 이유를 바르게 서술한 경우

08

예시답안
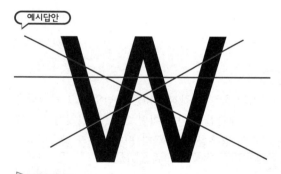

평가기준

점수	요소별 채점 기준
5점	삼각형을 7개 미만으로 만든 경우
7점	삼각형을 7개 또는 8개 만든 경우
10점	삼각형을 9개 모두 만든 경우

09

모범답안
50%, 52 kg

풀이

줄기가 3인 학생 수를 □명이라 하면 줄기가 5인 학생 수는 8명이므로

$$\frac{4}{3} \times □ = 8 \quad \therefore \ □ = 6$$

즉, 줄기가 3인 학생 수는 6명이 됩니다.

따라서 몸무게가 50 kg 미만인 학생은 $6+4=10$ (명)이므로 전체 학생의 $\frac{10}{20} \times 100 = 50$ (%)입니다.

또한, 몸무게가 50 kg 미만인 학생이 10명이므로 몸무게가 11번째로 적은 학생은 줄기가 5인 잎에서 크기가 가장 작은 52, 즉 52 kg입니다.

평가기준

점수	요소별 채점 기준
3점	줄기가 3인 학생 수만 구한 경우
6점	줄기가 3인 학생 수를 구하고, 몸무게 50 kg 미만인 학생의 비율을 구한 경우
10점	50 kg 미만의 학생의 비율과 몸무게가 11번째로 적은 학생의 몸무게를 바르게 구한 경우

10

모범답안

7

풀이

암호문 규칙을 해독하면 다음과 같습니다.

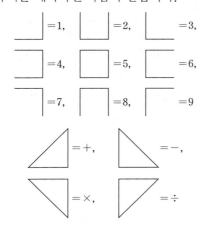

이므로

$=9-4\times2+6=7$

평가기준

점수	요소별 채점 기준
5점	암호문 규칙만 해독한 경우
10점	암호문 규칙을 해독하여 암호문을 바르게 구한 경우

과학

11

예시답안

물위에 누워 있으면 물속에 잠기는 부피가 많아서 받는 부력의 크기가 커집니다. 그러나 물위에 서 있게 되면 물속에 잠기는 부분이 발바닥 정도이므로 부력이 상대적으로 작아지게 됩니다. 따라서 서 있는 경우보다 반듯하게 누워 있는 경우 물에 더 잘 뜹니다.

개념해설

[부력]

물체가 밀어낸 물의 무게만큼의 힘이 위쪽으로 작용하여 물체의 무게와 반대로 물체를 뜰 수 있게 하는 힘을 부력이라고 합니다. 물체가 물속에 많이 잠길수록 많은 양의 물을 밀어내어 부력이 커져서 물위에 더욱 잘 뜨게 됩니다.

평가기준

점수	요소별 채점 기준
5점	밀어 올리는 힘 또는 압력으로 서술한 경우
10점	잠기는 부피에 따라 부력의 크기가 달라짐을 이용해 서술한 경우

12

모범답안

(1) 걸린 시간이 일정할 때 이동거리가 많을수록 속력이 빠르고, 이동거리가 적을수록 속력이 느립니다. 즉, 이동거리와 속력의 관계는 비례관계입니다.

(2) 속력은 이동거리를 걸린 시간으로 나누어 구합니다. 그러므로 일정한 시간 동안 이동한 거리가 많을수록 속력이 빠릅니다.

평가기준

점수	요소별 채점 기준
5점	(1), (2) 중에서 1가지만 바르게 서술한 경우
10점	(1), (2) 모두 바르게 서술한 경우

13

모범답안

(1) 공에는 지구가 중심으로 끌어당기는 중력이 작용합니다.

(2) 중력은 지구의 중심방향으로 작용합니다.

(3) 공이 처음 던져질 때 작용한 힘에 의해 공은 위로 올라갑니다. 하지만 공에 작용하는 중력에 의해 위로 올라가는 공의 속력은 점점 줄어들게 되고 (순간)속력이 0이 되는 지점, 즉 최고점에서 방향이 아래쪽으로 바뀌며 다시 아래로 내려오게 됩니다.

개념해설

[중력]

중력은 지구가 물체를 끌어당기는 힘으로, 중력은 지구의 중심방향으로 작용합니다. 물체를 똑바로 위로 던져 올리면 위로 올라가고 있는 동안에도 아래로 향하는 중력 때문에 속력은 매초 9.8 m/s씩 느려져 마침내 0이 됩니다. 속력이 0이 되는 그 순간부터 물체는 아래로 자유 낙하 운동을 시작하고, 물체의 속력은 아래로 매초 9.8 m/s씩 빨라집니다.

평가기준

점수	요소별 채점 기준
3점	(1), (2), (3) 중에서 1가지만 바르게 서술한 경우
6점	(1), (2), (3) 중에서 2가지를 바르게 서술한 경우
10점	(1), (2), (3) 모두 바르게 서술한 경우

14

예시답안

(1) 더운 날 여름철 마당에 물을 뿌리면 주변의 열을 흡수해 증발하면서 주변의 온도를 낮추기 때문에 시원해집니다. (주변이 시원해지면 우리 몸의 열이 이동하기 때문에 온도가 낮아져 시원함을 느끼게 되는 것입니다.)

(2) 이글루 안에 물을 뿌리면 물이 얼면서 방출한 '응고열'로 인해 이글루 안이 따뜻해지기 때문입니다.

(3) • 물이 있는 후라이팬에 기름을 부으면 기름이 튑니다. 이것은 물이 가열되어 수증기가 되기 위해 부피가 갑작스럽게 1700배 이상 커지면서 튕겨졌기 때문입니다.

• 영화관에서 먹는 팝콘은 옥수수 씨앗의 내부에 있는 수분이 폭발하면서 팝콘 모양을 만듭니다.

개념해설

(1) 더운 여름에는 땅도 공기도 다 뜨겁고 덥습니다. 그때 가게나 집 앞에 호수로 물을 뿌리는 모습을 자주 볼 수 있습니다. 그렇게 하는 이유는 기화열을 이용하는 것입니다. 액체가 기체로 되려면 열이 필요합니다. 그것처럼 뜨거운 곳에 물을 뿌리면 물이 열로 인해 기체가 되어 날아가면서 주변 열을 가져가 버리는 것입니다. 그렇게 되면 물을 뿌려둔 곳의 온도가 조금 내려가면서 시원하게 느껴집니다. 물이 뿜어져 나오는 분수 옆에 있으면 시원한 것도 이와 같은 원리입니다. 그리고 가게 앞에 물을 뿌려두면 온도가 내려가 밖의 열기가 가게 안으로 잘 들어오지 못하게 되고 먼지가 날리는 것을 막아준다고 합니다.

(2) 물질은 고체, 액체, 기체 세 가지 상태로 이루어져 있습니다. 고체에서 액체 혹은 액체에서 기체로 변화할 때는 주변의 열을 흡수해야 합니다. 하지만 반대로 기체에서 액체, 액체에서 고체로 상태가 변화할 때는 열을 방출해야 합니다. 액체 상태인 물을 뿌리고 물이 고체 상태인 얼음이 되기 위해서는 열을 방출해야 합니다. 이와 같은 원리로 이글루 안에 물을 뿌리면 그 안이 따뜻해지는 것입니다.

평가기준

점수	요소별 채점 기준
3점	(1), (2), (3) 중에서 1가지만 바르게 서술한 경우
6점	(1), (2), (3) 중에서 2가지를 바르게 서술한 경우
10점	(1), (2), (3) 모두 이유를 바르게 서술한 경우

15

예시답안

• 풍선 주변에 열을 가합니다.

• 풍선을 하늘로 높이 날려 보냅니다.

• 풍선을 따뜻한 물속으로 밀어 넣습니다.

• 풍선을 감압장치 속에 넣고 풍선의 외부 압력을 낮춥니다.

개념해설

풍선에 열을 가하면 온도가 높아짐에 따라 점점 부피가 커져 터지게 됩니다. 대기압 상태에서 놓아 둔 풍선은 내부와 외부 중에서 압력이 큰 곳의 기체의 힘에 의해 변형될 수 있습니다. 풍선 속의 공기를 가열하면 용기의 크기가 변함으로써 부피가 변할 수 있어 온도에 의한 부피의 변화를 관찰할 수 있습니다. 이때 압력은 거의 변하지 않게 됩니다. 만약 변형되지 않는 단단한 용기 내에 있는 기체를 가열한다면 기체의 부피가 증가할 수 없으므로 압력이 높아지게 될 것입니다.

또, 풍선을 하늘 높이 띄우거나 풍선의 외부 압력을 떨어뜨리면 풍선의 내부 압력이 상대적으로 더 커집니다. 풍선의 내부와 외부 압력이 같아질 때까지 풍선이 커지게 되므로 풍선은 점점 커지다가 더이상 견디지 못하고 터지게 됩니다.

평가기준

점수	요소별 채점 기준
4점	방법을 1가지만 서술한 경우
7점	방법을 2가지 서술한 경우
10점	방법을 3가지 이상 서술한 경우

16

예시답안

(1) ① 공의 질량을 같게 할 경우
- 같게 해야 할 조건: 공의 질량, 공의 종류, 공의 크기, 탬버린의 모양, 탬버린의 크기와 종류, 에너지 크기 측정 요소
- 다르게 해야 할 조건: 떨어뜨리는 공의 높이

② 떨어뜨리는 공의 높이를 같게 할 경우
- 같게 해야 할 조건: 떨어뜨리는 공의 높이, 공의 종류, 공의 크기, 탬버린의 모양, 탬버린의 크기와 종류, 에너지 크기 측정 요소
- 다르게 해야 할 조건: 공의 질량

(2) 공의 질량, 떨어뜨리는 공의 높이, 탬버린의 소리 등

(3) 공의 질량이 클수록, 떨어뜨리는 공의 높이가 높을수록 탬버린에서 나는 소리가 커질 것입니다.

개념해설

높은 곳에 있는 공이 더 많은 에너지를 가지고 있기 때문에 높은 곳에서 떨어뜨린 공이 더 많이 튀어 오릅니다.

평가기준

점수	요소별 채점 기준
3점	(1), (2), (3) 중에서 1가지만 바르게 서술한 경우
6점	(1), (2), (3) 중에서 2가지를 바르게 서술한 경우
10점	(1), (2), (3) 모두 바르게 서술한 경우

17

모범답안

<실험 1>과 <실험 2>에서 자석에 붙는 클립의 개수는 같습니다.

자석의 크기가 달라지더라도 기능은 변하지 않습니다. 다만, 자석의 크기가 작아지면 자기력 또한 약해지기 때문에 주어진 그림의 A, B 자석처럼 크기가 작아지면 붙는 클립의 수도 적어집니다.

따라서 <실험 1>과 <실험 2>에서 자석에 붙는 클립의 개수는 같지만 3개보다 적은 수의 클립이 붙을 것으로 예상됩니다.

평가기준

점수	요소별 채점 기준
5점	자석의 크기 언급 없이 클립의 수만 서술한 경우
7점	자기력에 따라 붙는 클립의 수가 달라지는 점을 서술한 경우
10점	자석의 크기에 따른 자기력의 세기를 제시하고 실험 결과를 바르게 서술한 경우

18

예시답안

온도가 높을수록 소리의 속도가 빨라집니다. 낮에는 지표면 근처가 뜨겁게 데워져 온도가 높고, 지표면 위로 높은 곳은 상대적으로 온도가 낮습니다. 따라서 낮에는 지표면 위 높은 쪽으로 소리가 굴절합니다. 한편, 밤에는 지표면 근처가 온도가 낮고, 지표면 위로 높은 곳이 상대적으로 온도가 높아져 지표면 쪽으로 소리가 굴절하여 전달됩니다.

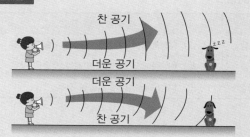

따뜻한 공기에서 파동(소리)의 속도가 빨라지고, 차가운 공기에서 파동(소리)의 속도가 느려집니다. 따라서 위와 같은 파동의 굴절 현상이 일어나 낮과 밤에 소리가 잘 들리는 방향이 달라집니다. 낮에는 태양복사에너지에 의해 지표면 근처가 데워지면 지표면 근처의 공기는 뜨겁고 상층부의 공기는 차가운 상태가 됩니다. 밤이면 지표면을 달구어 주는 적외선이 없어져서 지표면이 차갑게 식으면 그 근처의 공기도 같이 차가워지기 때문에 공기의 온도 분포는 지표면 근처가 차갑고, 상층부의 온도는 반대로 따뜻하게 됩니다. 또한, 온도가 높을수록 소리의 속도가 빨라지므로 낮에는 지표면에서 소리의 속도가 가장 빠르고 밤에는 상층부에서 소리의 속도가 가장 빨라집니다. 소리는 온도가 낮은 쪽으로 굴절하게 되어 낮에는 상층 방향으로 굴절하고, 밤에는 지표면 방향으로 굴절하게 됩니다.

평가기준

점수	요소별 채점 기준
3점	온도, 속도, 소리 중에서 1개만 사용하여 서술한 경우
6점	온도, 속도, 소리 중에서 2개를 사용하여 서술한 경우
10점	온도, 속도, 소리 모두 사용하여 서술한 경우

19

예시답안

(1) • 물위에 비춰봅니다.
   • 건물의 유리창에 비춰봅니다.
(2) 오목거울은 물체가 거울에서 가까이 있을 경우 크고 바로 선 모습으로 보이고, 물체가 멀리 있을 경우 작고 거꾸로 선 모습으로 보입니다.
   볼록거울은 작고 바로 선 모습으로 보이는데 물체가 거울에서 멀어질수록 상의 크기는 더 작아집니다.
(3) • 오목거울: 화장거울, 치과용 거울, 손전등 반사판 등
   • 볼록거울: 마트 도난방지용 거울, 자동차 후면거울(백미러), 자동차 측면거울(사이드미러), 골목길 안전거울 등

볼록거울은 상의 크기가 항상 작고 바로 선 모양입니다. 볼록거울은 빛이 거울표면에서 퍼지면서 반사됩니다. 그리고 넓은 범위를 볼 수 있는 대신 상이 작게 보입니다. 오목거울은 거울과 초점의 안쪽에 있는 물체는 바로 선 큰 상이 보이고, 초점의 바깥쪽에 놓인 물체는 작고 거꾸로 선 상으로 보입니다.

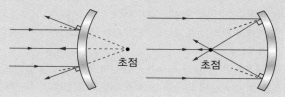

평가기준

점수	요소별 채점 기준
3점	(1)에 대한 예만 서술한 경우
7점	(1), (2)에 대한 예와 이유를 서술한 경우
10점	(1), (2), (3)에 대한 예와 이유를 모두 서술한 경우

20

모범답안

①, ⑤

② 이쑤시개 B만 뽑으면 풍선이 조금 커지면서 약간의 물이 흘러나오다 멈춥니다.
③ 이쑤시개 A를 뽑은 후 이쑤시개 B를 뽑으면 이쑤시개 B를 꽂은 구멍으로 공기가 들어오는 것이 아니라 물이 나옵니다.
④ 이쑤시개 B를 뽑고 풍선을 불면 물이 밖으로 흘러나오며, 이쑤시개 B를 다시 막으면 풍선의 크기는 그대로 유지됩니다.

평가기준

점수	요소별 채점 기준
5점	정답을 1개만 고른 경우
10점	정답을 2개 모두 고른 경우

정보

21

예시답안

인간을 도와주는 모든 행동이 윤리적일 수 없기 때문에 로봇의 행동에는 윤리적인 원칙이 적용되어야 합니다. 따라서 앞으로 제작될 인공지능 로봇에 윤리적 내용이 포함되어야 하고, 자연스럽게 인간 윤리 자체도 발전시켜야 합니다.

현재 로봇 기술이 많이 발전했다고 하지만 아직은 계단을 오르내리는 행동이나 정교한 손동작도 하기 어렵습니다. 또한, 창의성과 감성은 0에 가깝습니다. 로봇이 대량 생산되어 우리 사회에 위협으로 다가오기까지는 아직 많은 시간이 남아 있는 듯합니다.

개념해설

로봇은 부정적인 면만 가지고 있는 것이 아니라 인간을 돕기 위한 긍정적인 면도 함께 가지고 있습니다.

첫째, 로봇은 인간을 해쳐서는 안 되고, 게으름을 피워 인간이 해를 입도록 해서도 안 된다.

둘째, 로봇은 인간이 내리는 명령이 첫 번째 법칙에 위배되지 않는 한 명령에 복종해야 한다.

셋째, 로봇은 첫 번째 법칙과 두 번째 법칙에 위배되지 않는 한 자신의 존재를 보호해야 한다.

이와 같은 로봇공학의 3원칙의 적용을 통해서 우리는 기본적인 인지능력, 즉 세계를 지각하고, 사고하고, 행동할 능력을 가진 로봇을 구성할 수 있습니다.

그러나 로봇이 해야 하는 것은 무엇일까요? 로봇이 볼 수 있는 것이 사람들이 모두 기억해야 할 가치가 있는 것은 아닐 것입니다. 로봇이 내릴 수 있는 추론을 사람들이 모두 추론해야 할 가치가 있는 것도 아닐 것입니다. 또, 로봇이 수행할 수 있는 행동들이 모두 행해져야 하는 가치가 있는 것도 아닐 것입니다. 만약 로봇이 유용하게, 그리고 독립적으로 행동해야 한다면 우리는 로봇의 회로 속에 몇 가지 기본 목표들을 포함시켜야만 합니다.

평가기준

점수	요소별 채점 기준
3점	상황에 대한 판단을 하지 못하고 로봇에 대한 이야기만 한 경우
7점	로봇의 행동원칙에 대한 윤리적인 판단만 다룬 경우
10점	로봇의 행동원칙에 대한 윤리적인 판단을 하고 스스로가 원칙을 정하는 경우

22

모범답안

(1) $10101_{(2)}$

(2) 13

풀이

(1) 다음의 순서로 십진수를 이진수로 바꿉니다.
   ❶ 주어진 십진수를 2로 나누고 몫과 그 나머지를 기록한다.
   ❷ 구해진 몫을 더는 나눌 수 없을 때까지 2로 계속 나눈다.
   ❸ 구해진 몫이 0이면 구해진 나머지를 반대 순서로 표기한다.

```
2 ) 21
2 ) 10 …… 1
2 ) 5 …… 0
2 ) 2 …… 1
2 ) 1 …… 0
    0 …… 1
```

따라서 21을 이진수로 바꾸면 $10101_{(2)}$입니다.

(2) $1101_{(2)} = 1 \times 2^3 + 1 \times 2^2 + 0 \times 2^1 + 1 \times 2^0$
$= (1 \times 8) + (1 \times 4) + (0 \times 2) + (1 \times 1)$
$= 8 + 4 + 0 + 1$
$= 13$

따라서 $1101_{(2)}$을 십진수로 바꾸면 13입니다.

개념해설

0부터 9까지 10개의 숫자로 정보를 표현하는 방법을 십진법이라 합니다. 십진법을 이용하여 표현한 수를 '십진수'라 하고, 자릿수가 올라갈 때마다 값이 10배씩 커지는 수의 표시법입니다.

0과 1의 2개의 숫자를 이용하여 표현하는 방법을 이진법이라 합니다. 이진법은 컴퓨터 자료를 처리할 때 많이 사용합니다. 이진법을 이용하여 표현한 수를 '이진수'라 하며 자릿수가 올라갈 때마다 값이 2배씩 커지는 수의 표시법입니다.

평가기준

점수	요소별 채점 기준
5점	풀이 과정을 서술하지 않고 십진수와 이진수로만 바꾼 경우
7점	(1), (2) 중에서 1개만 답과 풀이 과정을 바르게 서술한 경우
10점	(1), (2) 모두 답과 풀이 과정을 바르게 서술한 경우

23

모범답안

(1) 안녕 친구야

(2) 935 7*a*5 *g* 7*a* 112 8*d* *g* 872 358 918 8*d* 73 *g* 512 21 91 *f*

개념해설

정보의 형태나 형식을 표준화, 보안, 처리속도 향상, 저장공간 절약 등을 위해서 다른 형태나 형식으로 변환하는 처리과정을 인코딩 또는 부호화라 합니다. 문자인코딩이란 문자나 기호들의 집합을 컴퓨터에 저장하거나 통신에 사용할 목적으로 부호화하는 방법을 의미합니다. 인코딩은 사용자가 해 주는 것이 아니라 프로그래머들이 이미 만들어놓은 인코딩 방법에 의해 자동으로 처리됩니다. 반면, 디코딩 또는 복호화는 인코딩된 디지털 값을 원래의 정보로 되돌리는 처리나 그 처리방식을 의미하며, 코드화된 정보를 다시 사용자가 알아볼 수 있는 정보의 형태로 바꾸어 줍니다. 한글은 이런 문자 하나하나에 부여되는 값을 유니코드를 이용하여 표현할 수 있습니다.

평가기준

점수	요소별 채점 기준
5점	(1), (2) 중에서 1가지만 바르게 해결한 경우
10점	(1), (2) 모두 바르게 해결한 경우

24

예시답안

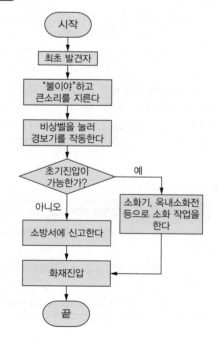

개념해설

[화재발생 시 행동순서]

❶ 최초 발견자는 큰소리로 "불이야"를 외치고 비상벨을 눌러 화재 사실 전파합니다.

❷ 초기진압이 가능하면 즉시 소화기나 소화전 등을 이용하여 소화 작업을 합니다.

❸ 초기진압이 불가능하다고 판단되면 지체 없이 소방서에 신고하고 대피합니다. (연소 속도를 늦추기 위하여 반드시 출입문을 닫고 대피해야 합니다.)

❹ 화재발생 신고 시 화재발생 주소, 주요 건축물 또는 목표물, 화재의 종류 등을 상세하게 설명합니다. (평소에 유사시를 대비하고 예상하는 마음 자세와 훈련이 필요합니다.)

❺ 출동한 소방관이 화재를 진압합니다.

[순서도 기호와 의미]

순서도에 사용되는 각 기호의 의미는 다음과 같습니다.

 : 순서도의 시작과 끝을 나타낸다.

◇ : 어떤 것을 선택할 것인지 판단한다.

 : 데이터의 입력이나 계산 등을 처리한다.

평가기준

점수	요소별 채점 기준
5점	순서도의 흐름이 논리적이지 못하고 산만한 경우
10점	순서도의 기호를 이용하여 화재발생 시 대처요령에 대한 순서도를 바르게 표현한 경우

25

모범답안

1024가지

이유

1비트는 2가지 정보로 표현할 수 있습니다. 손가락을 '접었다', '폈다'의 2가지 정보로 표현할 경우 0과 1의 의미로 해석할 수 있습니다. 10개의 손가락은 10비트가 되어 표현할 수 있는 정보는 $2 \times 2 \times \cdots \times 2 = 2^{10} = 1024$ (가지)가 됩니다.

평가기준

점수	요소별 채점 기준
3점	풀이 과정 없이 정보의 가짓수만 구한 경우
5점	비트에 대해 이해했지만 이진법을 사용하지 못한 경우
10점	비트에 대한 이해를 하고 정보의 가짓수를 바르게 구한 경우

26

예시답안

상대방의 우주선을 공격해 격추시키는 슈팅게임은 격추된 우주선을 통해 획득할 수 있는 점수 차이가 있습니다. 따라서 특정 구간에서 기본 점수를 획득하면 다음 장면으로 넘어가는 신호를 보낼 수 있도록 점수 차이에 차등을 부여하거나, 신호를 받았을 경우 공격해 오는 우주선의 수를 늘리고 우주로부터 날아오는 운석을 자주 생기게 해서 게임의 난이도를 올릴 수 있습니다.

개념해설

[스토리보드]

스토리보드는 영상의 흐름을 이해하기 쉽게 하기 위해 이야기 내용을 시각화한 것입니다. 게임도 전체적인 진행에서 필요로 하는 스토리가 삽입되어야 이야기의 완성도, 게임의 완성도를 높일 수 있기 때문에 조건을 설정하여 변수를 적용하면 게임의 난이도를 조절할 수 있습니다.
우주선 게임의 경우, 전체 프로그램을 한 번에 다 만들려고 하면 시간이 부족하거나 프로그래밍이 어려울 수 있으므로 [변수 선언]→[배경과 스프라이트 만들기]→[코드 작성]→[실행]의 과정으로 작성합니다.

평가기준

점수	요소별 채점 기준
3점	게임 기준에 대한 조건만 서술한 경우
6점	점수 차이만 적용하여 서술한 경우
10점	게임 기준과 점수 차이를 적용하여 서술한 경우

27

예시답안

(1) 인공지능 냉장고의 예상되는 기능
- 식료품의 유통기한을 확인하여 알려주는 기능
- 자주 사용하는 재료를 스스로 파악하여 재료가 부족해지면 알려주는 기능
- 성별과 나이에 알맞은 칼로리를 계산하여 냉장고의 재료로 음식 레시피를 추천하는 기능

(2) ① 장점
- 필요한 식료품을 자동으로 주문해 줄 수 있습니다.
- 자신이 관리해야 하는 식료품을 인공지능 냉장고가 관리해 줄 수 있습니다.
- 인공지능 냉장고는 자신에게 필요한 정보를 스스로 판단하여 제공해 줍니다.

② 단점
- 일반 냉장고보다 가격이 월등히 비싸 구입하기 어렵습니다.
- 인공지능 냉장고가 학습되어 있지 않은 부분에서는 엉뚱한 결과가 나올 수 있습니다.

평가기준

점수	요소별 채점 기준
3점	(1)의 예상되는 기능을 2가지 이상 서술한 경우
7점	(1)의 예상되는 기능을 2가지 이상 서술하고, (2)의 장점과 단점 중 1가지만 서술한 경우
10점	(1), (2) 모두 바르게 서술한 경우

28

예시답안

- 슬라이드를 이용한 방법: 슬라이드를 움직여 슬라이드의 위치에 따라 막대도 같이 움직이게 합니다.
- 소리 센서를 이용한 방법: 게임을 하면서 소리 센서에 말을 할 때마다 임의의 위치에 벽돌이 생성되어 게임을 계속할 수 있도록 합니다.
- 빛 센서를 이용한 방법: 빛 센서의 밝기 높이에 따라 공의 속도가 빨라지고 느려지게 하여 게임의 난이도를 조절할 수 있도록 합니다.
- 버튼을 이용한 방법: 2개의 버튼을 이용하여 왼쪽 버튼을 누르고 있으면 막대가 왼쪽으로 이동하고, 오른쪽 버튼을 누르고 있으면 막대가 오른쪽으로 이동할 수 있도록 합니다.

개념해설

[센서보드를 이용한 제어프로그램의 활용]

센서보드를 이용하면 키보드의 방향키로 움직이던 스프라이트를 빛의 밝기나 슬라이드의 위치, 버튼의 눌림 등을 조작할 수 있습니다. 프로그램의 내용이 바뀌지 않더라도 인터페이스의 변화만으로 프로그램을 수행할 때 새로운 느낌을 경험할 수 있습니다. 각 센서는 정해진 기능만을 수행하지만, 응용하여 사용하면 창의적인 활동이 가능해집니다. 예를 들어, 빛 센서는 물체가 놓이는 것을 감지하는 접촉 센서로도 활용할 수 있습니다.

평가기준

점수	요소별 채점 기준
3점	센서보드의 활용법을 2가지 제안한 경우
6점	센서보드의 활용법을 3가지 제안한 경우
10점	센서보드의 활용법을 4가지 이상 제안한 경우

29

- 검색 기능의 발달로 원하는 정보를 쉽고 빠르게 얻을 수 있습니다.
- 문자, 그림, 소리, 동영상 등의 다양한 멀티미디어 자료를 수집할 수 있습니다.
- 자료를 검색하고 수집할 때 인터넷을 이용하면 시간과 장소에 관계없이 언제 어디서나 자료 검색이 가능하여 편리합니다.
- 인터넷 검색 엔진의 종류인 디렉터리 방식, 주제어 방식, 페이지랭크(pagerank) 방식을 활용하면 나에게 필요한 정보를 신속하게 찾아 필요한 곳에 활용할 수 있습니다.

개념해설

- 디렉터리 방식: 전문가들이 수집한 자료를 디렉터리 별로 분류하여 제공하는 것으로, 사용자가 수집된 자료의 분류체계를 잘 알고 있을 때 편리합니다.
- 주제어 방식: 웹로봇 소프트웨어가 웹을 떠돌며 정보를 수집해 오는 키워드 검색엔진으로, 찾고자 하는 자료의 주제어를 찾아 관련성을 계산해서 검색해 주는 방식입니다.
- pagerank 방식: '가장 많이 언급되고 가장 많이 링크가 걸린 웹사이트에는 그 만큼 좋은 정보가 있다.'라는 전제 하에 웹사이트에 순위를 매겨서 순위대로 결과를 보여주는 방식입니다.

하루에도 수많은 자료가 인터넷을 통해 유통되어 다양한 형태의 정보로 생산되고 저장되기 때문에 나에게 필요한 정보를 효율적으로 검색해서 활용하는 것은 매우 중요합니다.

평가기준

점수	요소별 채점 기준
3점	일반적인 검색엔진으로 검색하는 방법만 서술한 경우
5점	검색과 수집의 장점을 1가지 서술한 경우
10점	검색과 수집의 장점을 2가지 이상 서술한 경우

30

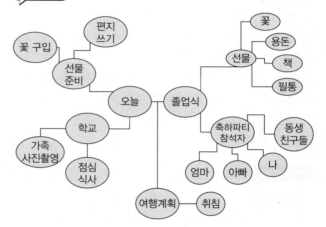

개념해설

정리가 안 된 글은 전달하고자 하는 내용을 파악하기 어려우나 구조화된 내용은 보기 쉽고 전달 내용도 파악하기 쉽습니다. 또한, 같은 마인드맵 구조라도 기준에 따라 구조화 결과가 달라질 수 있습니다. 구조화를 하면 일기 내용이 정리되고, 내용도 더 정확하게 기억할 수 있습니다.

[마인드맵]

마인드맵이란 문자 그대로 '생각의 지도'란 뜻으로, 자신의 생각을 지도를 그리듯 줄거리를 이해하며 정리하는 방법입니다. 마인드맵은 사고력, 창의력, 기억력을 한 단계 높인다는 두뇌 개발 기법입니다.

평가기준

점수	요소별 채점 기준
3점	소주제어 제시에 따른 세부 분류가 안 된 경우
5점	마인드맵에 표현된 주제어 키워드가 3가지 미만으로 마인드맵을 표현한 경우
10점	구조화를 적용하여 마인드맵으로 적절하게 표현한 경우

수학

01

모범답안

30

풀이

$270 = 2 \times 3^3 \times 5$

곱해야 하는 가장 작은 자연수를 a라 하면

$2 \times 3^3 \times 5 \times a = ($자연수$)^2$이어야 하므로 소인수의 각 지수가 모두 짝수가 되어야 합니다.

따라서 $a = 2 \times 3 \times 5 = 30$입니다.

평가기준

점수	요소별 채점 기준
5점	풀이 과정 없이 답만 구한 경우
10점	풀이 과정을 서술하고, 답을 바르게 구한 경우

02

모범답안

$\dfrac{108}{7}$

풀이

구하는 분수를 $\dfrac{B}{A}$라 합니다.

A는 7, 35, 56의 최대공약수이어야 하므로

$$7 \overline{)\ 7 \quad 35 \quad 56}$$
$$\quad\ \ 1 \quad\ \ 5 \quad\ \ 8$$

에서 $A = 7$입니다.

B는 6, 12, 27의 최소공배수이어야 하므로

$$3 \overline{)\ 6 \quad 12 \quad 27}$$
$$2 \overline{)\ 2 \quad\ 4 \quad\ 9}$$
$$\quad\ \ 1 \quad\ 2 \quad\ 9$$

에서 $B = 3 \times 2 \times 1 \times 2 \times 9 = 108$입니다.

따라서 구하는 가장 작은 기약분수는 $\dfrac{108}{7}$입니다.

평가기준

점수	요소별 채점 기준
5점	풀이 과정 없이 답만 구한 경우
10점	최대공약수와 최소공배수를 이용하여 풀이 과정을 서술하고, 답을 바르게 구한 경우

03

모범답안

A: 53, B: 55

풀이

회색 바탕의 칸 안에 있는 기호는 십의 자리의 수를 나타내고, 그 외의 칸 안에 있는 기호는 일의 자리의 수를 나타냅니다. 또, ★ 모양은 5, ● 모양은 1을 나타냅니다.

따라서 A $= 50 + 1 + 1 + 1 = 53$,

B $= 20 + 20 + 10 + 5 = 55$를 나타냅니다.

평가기준

점수	요소별 채점 기준
3점	기호의 의미를 바르게 이해했지만 A, B 모두 구하지 못한 경우
6점	A, B 중에서 1개만 바르게 구한 경우
10점	A, B 모두 바르게 구한 경우

04

모범답안

새로 만든 밭의 넓이는 처음의 밭의 넓이와 같습니다.

이유

정사각형 모양의 밭의 한 변의 길이를 □라 하면,

세로의 길이는 $□ + \dfrac{1}{2} \times □ = \dfrac{3}{2} \times □$가 되고,

가로의 길이는 $□ - \dfrac{1}{3} \times □ = \dfrac{2}{3} \times □$가 됩니다.

따라서 새로 만든 밭의 넓이는

$$\left(\dfrac{3}{2} \times □\right) \times \left(\dfrac{2}{3} \times □\right) = □ \times □$$

입니다.

이때 처음 밭의 넓이는 □×□이므로 새로 만든 밭의 넓이는 처음 밭의 넓이와 같습니다.

점수	요소별 채점 기준
5점	새로 만든 밭의 가로, 세로의 길이를 바르게 구한 경우
7점	새로 만든 밭의 넓이를 바르게 구한 경우
10점	처음 밭의 넓이와 새로 만든 밭의 넓이를 바르게 비교한 경우

05

모범답안

17분

풀이

다리를 건너는 데 걸리는 시간이 재민이는 1분, 호재는 2분, 민석이는 5분, 동현이는 10분입니다. 손전등이 1개밖에 없으므로 두 사람이 같이 다리를 건너야 하고, 다리를 건넌 두 사람 중 한 사람은 손전등을 가지고 다시 돌아와야 합니다. 이때 빨리 다리를 건너는 사람끼리, 느리게 다리를 건너는 사람끼리 함께 다리를 건너는 것이 좋고, 돌아올 때는 가능한 빨리 다리를 건너는 사람이어야 시간을 줄일 수 있습니다.

❶ 재민이와 호재가 같이 건넘: 2분
❷ 재민이가 돌아옴: 1분
❸ 민석이와 동현이가 같이 건넘: 10분
❹ 호재가 돌아옴: 2분
❺ 재민이와 호재가 같이 건넘: 2분

따라서 네 명의 학생이 모두 다리 반대 방향으로 건너가려고 할 때 필요한 최소 시간은 $2+1+10+2+2=17$ (분)입니다.

평가기준

점수	요소별 채점 기준
5점	손전등을 들고 간 사람 중 한 사람은 반드시 돌아와야 한다는 것을 이해하고 서술했지만 답을 구하지 못한 경우
10점	풀이 과정을 상세하게 서술하고 답을 바르게 구한 경우

06

모범답안

9215436

풀이

각 자리의 숫자를 앞에서부터 순서대로 a, b, c, d, e, f, g라 합니다.

문제에 주어진 <조건>을 정리하면
$d=5$, $a=5+e$, $f=b+c$, $g=2f$입니다.
이때 각 자리의 숫자의 합이 30이므로
$a+b+c+d+e+f+g$
$=5+e+b+c+5+e+b+c+2(b+c)$
$=10+2e+4(b+c)$
$=30$
에서 $e+2(b+c)=10$입니다.
이때 e는 짝수이고, 1에서 9까지의 숫자이므로
$a=5+e$에서 e는 2 또는 4가 됩니다.
(i) $e=2$인 경우
　$b+c=4$가 되어 $a=7$, $f=4$, $g=2f=8$입니다.
　이때 가장 큰 숫자는 g가 되어 <조건>을 만족하지 않습니다.
(ii) $e=4$인 경우
　$b+c=3$이 되어 $a=9$, $f=3$, $g=2f=6$이므로
　$b=1$, $c=2$ 또는 $b=2$, $c=1$입니다.
　이때 행운의 수 중 가장 큰 수가 될 수 있는 수는
　9215436입니다.
(i), (ii)에서 행운의 수 중 가장 큰 수가 될 수 있는 수는 9215436입니다.

평가기준

점수	요소별 채점 기준
5점	풀이 과정 없이 답만 구한 경우
10점	풀이 과정을 상세하게 서술하고 답을 바르게 구한 경우

07

모범답안

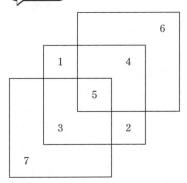

풀이

큰 정사각형 안의 수의 합이 15가 되도록 나뉘어진 구역에 1에서 7까지의 수를 배열합니다.

평가기준

점수	요소별 채점 기준
10점	수를 바르게 배열한 경우

08

모범답안

11

풀이

1단계는 $12=12\times1$,
2단계는 $9+5+10=24=12\times2$,
4단계는 $5+7+9+10+5+8+4=48=12\times4$
⋮
즉, □단계의 수들의 합은 $12\times□$입니다.
따라서 3단계는
$8+4+A+10+3=12\times3=36$, $25+A=36$
이어야 하므로 A에 들어갈 알맞은 수는 11입니다.

평가기준

점수	요소별 채점 기준
5점	풀이 과정 없이 답만 구한 경우
10점	□단계의 수들의 합의 규칙을 찾아 답을 바르게 구한 경우

09

모범답안

분속 100 m

풀이

정지한 물에서의 배의 속력을 분속 □ m, 강물의 속력을 분속 △ m라 하면
$$\begin{cases} 20(□-△)=4000 \\ 10(□+△)=4000 \end{cases}\text{에서}\begin{cases} □-△=200 \\ □+△=400 \end{cases}$$
이므로 □=300, △=100입니다.
따라서 강물의 속력은 분속 100 m이다.

평가기준

점수	요소별 채점 기준
5점	배와 강물의 속력을 이용하여 연립방정식을 바르게 세웠지만 답을 구하지 못한 경우
10점	연립방정식을 이용하여 풀이 과정을 서술하고 답을 바르게 구한 경우

10

예시답안

평가기준

점수	요소별 채점 기준
3점	1가지만 그린 경우
6점	2가지 그린 경우
10점	3가지 이상 그린 경우

과학

11

예시답안

(1) 증발한 물방울이 비커의 옆면에 닿으면서 열을 이동하여 응결됩니다. 응결된 작은 물방울이 비커의 안쪽 옆면에 붙어 있게 되면서 물방울이 생기는 것입니다.

(2) 알코올램프로 계속 가열하면 비커의 안쪽 옆면에 맺혀 있던 물방울은 열을 흡수하여 증발해 수증기가 되므로 사라지게 됩니다.

(3) 알코올램프 불꽃에 데여 입 주변이 화상을 입을 수 있기 때문에 입으로 불어 끄지 않습니다. 뚜껑을 덮으면 공기와의 접촉을 막아주기 때문에 산소 공급이 어려워져 '연소'가 일어나지 않게 되므로 불이 꺼집니다.

개념해설

[응결]

공기 중의 수증기가 작은 물방울로 변하는 현상으로, 기체가 액체로 상태 변화하는 과정인 액화에서 발생합니다. 김, 구름, 안개, 이슬 등이 응결 현상으로 생긴 예입니다.

[연소]

연소는 물질이 빛과 열을 내면서 타는 현상으로, 탈물질, 발화점 이상의 온도, 공기(산소)의 3가지 조건이 있어야 물질은 연소가 일어나 탈 수 있습니다.

평가기준

점수	요소별 채점 기준
3점	(1), (2), (3) 중에서 1가지만 답한 경우
6점	(1), (2), (3) 중에서 2가지를 답한 경우
10점	(1), (2), (3) 모두 답한 경우

12

예시답안

(1) 세척물의 때와 세척액 사이의 표면장력을 없애 오염물을 쉽게 제거하도록 도와줍니다.

(2) 지하수나 온천수처럼 비누거품이 잘 생기지 않는 물을 센물이라고 합니다. 센물에는 칼슘 이온이나 마그네슘 이온이 많이 녹아 있어 비누와 반응하면 녹지 않고 바닥에 가라앉는 앙금을 생성하기 때문에 때가 잘 빠지지 않습니다.

(3) ① 따뜻한 물이 더 잘 씻겨진다.

미지근한 물(25 ℃)이나 따뜻한 물(36 ℃)에서 모공이 확장되고 땀과 피지 분비가 촉진되어 천연비누나 세안제와 함께 씻으면 피부에 있는 먼지, 노폐물, 화장의 잔여물까지 깨끗이 씻어낼 수 있기 때문입니다.

개념해설

[세제의 세척작용을 돕는 계면활성제]

(1) 지방질 표면을 가진 입자나 지방질로 이루어진 오염물질은 소수성이어서 물에 젖지 않으므로 이때 흡착하려는 성질이 강한 세제를 넣으면 세제 내의 계면활성분자가 세척물 표면에 접근함으로써 오염물질의 바깥표면을 친수성으로 만들어 물에 대한 친화력을 높입니다. 계면활성분자는 오염물질과 세척액 사이의 표면장력을 낮추어 세척액의 습윤·침투 작용으로 오염물질을 분산·해리시킨 후 작은 입자로 분산·현탁시킵니다.

(2) 비누는 지방산의 나트륨염입니다. 지방산은 탄소 원자가 긴 사슬 모양으로 되어 있고, 그 끝에 카복실산(-COOH)이라는 원자단이 있습니다. 비누에서는 카복실산의 수소 이온(H^+)이 떨어져 나가고 대신 나트륨 이온(Na^+)이 결합되어 있습니다. 비누를 물에 녹이면 지방산 음이온($RCOO^-$)과 나트륨 이온(Na^+)으로 이온화됩니다. 그런데 물 속에 칼슘 이온(Ca^{2+})이나 마그네슘 이온(Mg^{2+})이 많이 들어있는 경우, 지방산 음이온은 칼슘 이온, 마그네슘 이온과 결합하여 물에 녹지 않는 앙금을 생성하게 됩니다. 칼슘 이온이나 마그네슘 이온이 많이 들어 있는 물을 센물이라 하는데, 센물에서 비누 거품이 잘 생기지 않는 까닭이 바로 이 앙금 때문입니다. 이렇게 형성된 앙금은 물에 녹지 않고 세탁기나 욕조에 달라붙어 찌꺼기처럼 보이기도 하고 때로는 세탁물에 달라붙어 얼룩이 생기게 하는 원인이 되기도 합니다.

(3) 따뜻한 물로 세척할 경우 바이러스나 곰팡이의 발생을 막아줄 수 있습니다.

물의 온도	세정	피부에 미치는 영향
얼음	세정효과가 거의 없다.	혈관을 강하게 수축, 모공 수축, 진정, 신선감, 긴장감을 준다.
찬물 (10~15 ℃)	가벼운 세정효과가 있다.	혈관을 수축, 피부에 긴장감과 탄력을 준다.
미지근한 물 (16~21 ℃)	가벼운 세정효과 및 가벼운 각질제거효과가 있다.	안정감을 준다.
따뜻한 물 (22~35 ℃)	세정효과가 크며 각질제거가 용이하다.	혈관을 가볍게 확장시키고, 혈액순환을 돕는다.
뜨거운 물 (36 ℃ 이상)	세정효과가 매우 크며 각질제거가 용이하다.	• 혈관은 강하게 확장시키고, 혈액순환이 촉진된다. • 모공이 확장되고 땀, 피지분비가 촉진된다. • 피부의 긴장감을 저하시켜 오랜 기간 사용하면 탄력이 저하된다.

평가기준

점수	요소별 채점 기준
3점	(1), (2), (3) 중에서 1가지만 답한 경우
6점	(1), (2), (3) 중에서 2가지를 답한 경우
10점	(1), (2), (3) 모두 답한 경우

13

예시답안

일상에서 우리가 사용하는 물에는 공기 중의 이산화 탄소가 녹아 있으므로 탄산수와 같은 약산성의 성질을 띱니다. 따라서 푸른색의 리트머스 종이가 옅은 보라색으로 변한 것입니다.

개념해설

[산성 용액과 염기성 용액에서 푸른색 리트머스 시험지의 색깔 반응 결과]

산성 용액(푸른색 → 붉은색), 염기성 용액(푸른색 → 푸른색) 푸른색 리트머스 종이는 산성 용액에서 붉은색으로 변하고, 염기성 용액에서는 색깔의 변화가 없습니다. 단지 용액을 묻힌 부분이 진한 푸른색으로 변해 보입니다.

[리트머스 종이]

리트머스이끼, 바리올라리아, 레카노라 등을 분쇄하여 암모니아수로 축축하게 한 다음 탄산칼슘이나 탄산나트륨으로 처리하여 발효시켜서 만든 것이 '리트머스 종이'입니다 이러한 이끼류는 산이나 염기, 즉 pH에 매우 민감하게 변하기 때문에 우리가 지시약으로 사용할 수 있는 것입니다.

평가기준

점수	요소별 채점 기준
5점	물속에 이산화 탄소가 녹아있다는 것 또는 용액이 산성을 띤다는 것 중 1가지만 서술한 경우
10점	물속에 이산화 탄소가 녹아있다는 것과 그 용액이 산성을 띤다는 것 2가지 모두 서술한 경우

14

예시답안

• 물은 불에 타지 않습니다.
• 물은 주변에서 구하기 쉽습니다.
• 물은 주변의 열을 흡수하여 발화점을 낮춥니다.
• 물이 화재 현장을 덮어 공기와의 접촉을 차단합니다.

개념해설

[비열]

물질 온도를 1 ℃ 높이는 데 드는 열에너지를 비열이라 합니다. 물은 비열이 높은 물질입니다. 물의 온도를 높이려면 많은 열이 필요하기 때문에 주변 물질이 타기 시작하는 발화점을 낮추어 불을 끌 수 있습니다. 또한, 증발한 수증기는 순간적으로 산소를 차단하는 효과가 있습니다.

평가기준

점수	요소별 채점 기준
5점	타당한 이유를 1가지만 서술한 경우
10점	타당한 이유를 2가지 이상 서술한 경우

15

예시답안

• 바이오스피어를 이용하여 지하에 기지를 건설합니다.
• 달의 흙을 이용하여 집을 짓고 지붕을 올린 토담집을 짓습니다.
• 중력이 약한 달의 표면에 떠 있을 수 있는 구조물을 건설합니다.
• 우주쓰레기인 버려진 인공위성의 잔해를 이용하여 달에 기지를 건설합니다.

개념해설

[바이오스피어]

인공생태계 프로젝트로, 격리된 공간을 만들어 햇빛을 제외한 모든 에너지와 물질의 상호작용을 차단시킨 인공생태계입니다.

평가기준

점수	요소별 채점 기준
3점	1가지 방법을 제시한 경우
6점	2가지 방법을 제시한 경우
10점	3가지 이상의 방법을 제시한 경우

16

예시답안

수평을 이루기 위해서는 (상자의 무게×상자가 받침대로부터 떨어진 거리)가 일정해야 합니다.

[방법1]

(상자 3개×6번째 칸)
=(상자 1개×2번째 칸)+(상자 1개×4번째 칸)
  +(상자 2개×6번째 칸)

[방법2]

(상자 3개×6번째 칸)

＝(상자 2개×4번째 칸)＋(상자 2개×5번째 칸)

[방법3]

(상자 3개×6번째 칸)

＝(상자 3개×4번째 칸)＋(상자 1개×6번째 칸)

개념해설

[수평잡기의 원리]

수평잡기의 원리는 지렛대 양쪽의 무게가 균형을 이루었을 때 수평이 되는 원리를 이용하여 물체의 무게를 재는 것입니다.

(상자의 개수×상자가 받침대로부터 떨어진 거리)＝(반대쪽 상자의 개수×반대쪽 상자가 받침대로부터 떨어진 거리)이므로 같은 무게의 상자는 받침대로부터 같은 거리에 놓여야 수평을 이루게 되고, 다른 무게의 상자는 무거운 상자가 받침대로부터 더 가까운 곳에 놓여야 수평을 이루게 됩니다. 놀이터에서 시소를 탈 때 몸무게가 더 많이 나가는 사람이 더 적게 나가는 사람보다 시소 앞쪽에 앉는 것도 이와 같은 이유 때문입니다.

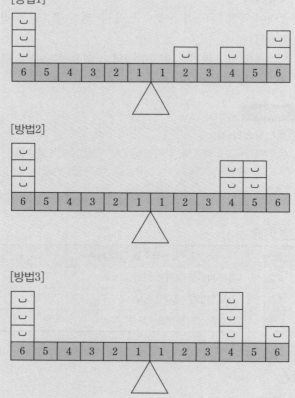

[방법1]

[방법2]

[방법3]

평가기준

점수	요소별 채점 기준
3점	방법을 1가지만 서술한 경우
6점	방법을 2가지 서술한 경우
10점	방법을 3가지 모두 서술한 경우

17

예시답안

마그마와 용암의 가장 큰 차이점은 상태입니다. 마그마는 지하에서 고체와 액체 상태로 있으며 가스를 포함하고 있지만, 용암은 지표면으로 나오는 순간 가스가 증발하고 액체 상태로 있습니다. 또, 마그마는 지하에서 생성되지만 용암은 지표면에서 발생합니다.

개념해설

땅속 깊은 곳은 온도가 1000~1200 ℃나 되므로 여러 가지 물질과 암석이 고체나 액체 상태로 존재하는데 이것을 마그마라 합니다. 마그마는 가스 성분을 포함하고 있으며 온도가 매우 높습니다. 용암은 마그마가 지표면으로 나온 후 가스 성분이 빠져나간 액체 물질입니다.

평가기준

점수	요소별 채점 기준
5점	마그마와 용암이 있는 위치에 대해서만 서술한 경우
10점	가스의 포함 유무를 포함하여 차이점을 서술한 경우

18

모범답안

저금통에 모아진 여러 동전들은 크기가 각각 다르므로 동전의 크기 차이를 이용하여 분류했습니다.

개념해설

동전분류기는 동전의 크기 차이로 분류할 수 있고, 작은 동전부터 먼저 분류할 수 있도록 설계되어 있습니다.

평가기준

점수	요소별 채점 기준
5점	동전의 무게 차이, 이동 속도 차이 등을 이용하여 서술한 경우
10점	동전의 크기 차이를 이용하여 서술한 경우

19

모범답안

(1) 구름의 크기와 색을 결정하는 요인은 구름 속의 방울 또는 빙정입니다. 구름의 크기가 차이가 나는 이유는 수증기량 때문입니다. 낮은 곳에서 생긴 난층운은 수증기량이 많아 구름의 크기가 크고, 권운은 대기 중 수증기량이 적어 구름의 크기가 작습니다. 또한, 구름의 색이 차이가 나는 이유는 물방울이 많은 난층운은 빛을 흡수해 어둡게 보이고, 빙정이 많은 권운은 빛을 반사해 하얗게 보이기 때문입니다.

(2) 시간적으로 새벽 무렵인 해 뜨기 직전 새벽녘은 하루 중 가장 기온이 낮을 때입니다. 바람이 불지 않는 날은 대기의 혼합 효과가 약해 지면의 복사냉각 효과가 비교적 오랫동안 유지될 수 있습니다. 또한, 맑은 날은 흐린 날에 비해 기온 일교차가 큽니다. 즉, 동일 조건하에서 맑은 날은 흐린 날에 비해 지면이 더 차가워질 수 있습니다.
따라서 안개는 밤에 땅의 열이 식으면서 그 위의 공기가 식어 생기기 때문에 바람이 불지 않는 맑은 날 새벽 무렵에 잘 형성됩니다.

개념해설

[구름의 크기가 차이나는 이유]
난층운의 크기가 권운에 비해 큰 이유는 구름 형성 당시 수증기량과 관련이 있습니다. 낮은 곳에서 생성된 난층운의 경우는 중력의 영향으로 기압이 높아 대기 중 수증기량이 많은 상태에서 응결되어 구름의 크기가 큽니다. 반면에 높은 곳에서 생성된 권운의 경우는 대기 중 수증기량이 적은 상태에서 형성되어 구름의 크기가 작습니다.

[구름의 색이 차이가 나는 이유]
난층운은 보통 먹구름이라 불리웁니다. 이는 구름 속의 물방울의 양이 많아 태양으로부터 오는 빛을 대부분 흡수하기 때문에 어둡게 보입니다. 반면에 권운은 높은 곳에 형성되어 온도가 낮아 대부분 빙정으로 존재합니다. 그러므로 태양으로부터 오는 대부분의 빛을 반사하여 하얗게 보입니다.

[안개가 생기는 경우]
안개는 특히 봄철에 많이 형성되는데, 바다에서는 따뜻한 바닷물 위를 흐르던 공기가 차가운 바닷물 위를 지날 때 생깁니다. 따뜻한 냇물 위에 찬바람이 불었을 때에도 증발한 수증기가 식어 물방울이 되기 때문에 안개가 생깁니다. 공업 지역에서 아주 작은 물방울뿐만 아니라 연기의 입자가 섞여 있는 경우 스모그라고 합니다.

평가기준

점수	요소별 채점 기준
5점	(1), (2) 중에서 1가지만 서술한 경우
10점	(1), (2) 모두 서술한 경우

20

예시답안

(1) 한옥집의 처마 모양은 계절에 따른 일조량을 조절하여 한옥 내의 온도를 조절할 수 있습니다. 여름철은 태양의 남중고도가 높아 거의 수직에 가깝게 비추기 때문에 햇빛의 태양복사에너지양이 많아질 것입니다. 이때 처마가 집으로 들어오는 햇빛의 양을 줄여 주고, 처마로 인한 긴 그림자로 실내가 덥지 않도록 해 줍니다. 겨울철은 태양의 남중고도가 낮아져 햇빛이 비스듬하게 비추어져 실내까지 햇빛이 들어와 온도가 유지될 수 있도록 합니다.

(2) 태양에너지적인 측면에서는 햇빛(태양복사에너지)을 가장 효과적으로 받아들일 수 있는 방향이 바로 남쪽이기 때문입니다. 왜냐하면 우리가 사는 북반구에서 태양은 동쪽에서 떠서 서쪽으로 지는데 남쪽에 있을 때 계절과 상관없이 가장 높은 고도(남중고도)이기 때문입니다. 특히, 온도가 낮은 겨울에는 태양복사에너지를 충분히 받아들임으로 난방비를 절약할 수 있습니다.
기후적인 측면에서는 우리나라가 여름에는 남동계절풍이 불고, 겨울에는 북서계절풍이 부는 지역에 위치해 있기 때문입니다. 따라서 집이 남향일 경우, 더운 여름에 남동계절풍이 불어와 시원함을 느끼게 해 줄 것입니다. 그리고 북쪽에 산이 있을 경우 추운 겨울에 부는 북서계절풍을 효과적으로 막아줄 것입니다.

개념해설

우리나라는 지리적으로 북위 33~38도에 위치하고 있습니다. 여름은 상당히 덥고 겨울은 매서울 정도로 춥습니다. 주거 측면에서 보면 여름의 뜨거운 햇빛은 막고, 겨울의 따뜻한 햇살은 잘 받아들이는 집이 가장 이상적인 것입니다. 우리 선조들은 자연적인 환경에 알맞은 구조적 장치로 처마를 생각해냈습니다. 처마는 깊이가 어느 정도인가에 따라 그 역할이 달라질 수 있습니다. 우리나라의 중부 지방의 경우 처마의 깊이가 약 120 cm입니다. 이는 태양의 남중고도와 깊은 연관이 있는데 여름에는 태양이 지표면과 수직을 이룰 정도로 높지만, 겨울에는 방안 깊숙이 햇빛이 들어올 정도로 낮아집니다. 이처럼 한옥은 햇빛을 막기도 하고 받아들이기도 하는 적당한 처마의 깊이를 가지고 있는 것입니다.

또한, 뜨겁게 달구어진 마당 한가운데의 기온과 처마 아래의 기온에는 상당한 온도 차이가 생깁니다. 그로 인해 자연스럽게 대류현상에 의한 공기의 흐름이 생기면서 바람이 부는 것으로 느껴지게 되는데 이것은 한옥이 시원한 이유가 됩니다.

▌평가기준

점수	요소별 채점 기준
5점	(1), (2) 중에서 1가지만 서술한 경우
10점	(1), (2) 모두 바르게 서술한 경우

정보

21

예시답안

스마트폰 사용의 순기능은 SNS를 이용한 친구들과의 다양한 소통과 결속을 강화할 수 있다는 것입니다. 또, 버스, 지하철 등과 같은 대중교통을 이용할 때 음악을 듣거나 영화를 보거나, 동영상 강의를 들을 수 있는 것처럼 다양한 편리함을 줍니다.

스마트폰 사용의 역기능은 게임, 인터넷, 스마트폰 중독 등으로 자기 통제력을 잃게 되어 자신의 건강뿐만 아니라 사이버 폭력, 사이버 범죄, 피싱사기 등의 사회적 문제를 만들 수 있다는 것입니다.

▌평가기준

점수	요소별 채점 기준
5점	스마트폰의 순기능과 역기능 중 1가지에 대한 자신의 생각을 서술한 경우
10점	스마트폰의 순기능과 역기능을 비교하여 자신의 생각을 서술한 경우

22

모범답안

상품명: 9−허니버터칩, 제조일자: 9월 10일

개념해설

상품명 자리의 이진수 $1001_{(2)}$을 십진수로 나타내면
$$1001_{(2)} = 1 \times 2^3 + 0 \times 2^2 + 0 \times 2^1 + 1 \times 2^0$$
$$= (1 \times 8) + (0 \times 4) + (0 \times 2) + (1 \times 1)$$
$$= 8 + 0 + 0 + 1 = 9$$
이므로 상품명에서 9는 허니버터칩을 나타냅니다.
제조월 자리의 이진수 $1001_{(2)}$ 역시 십진수로 바꾸면 9이므로 9월을 나타냅니다
제조일 자리의 이진수 $1010_{(2)}$을 십진수로 나타내면
$$1010_{(2)} = 1 \times 2^3 + 0 \times 2^2 + 1 \times 2^1 + 0 \times 2^0$$
$$= (1 \times 8) + (0 \times 4) + (1 \times 2) + (0 \times 1)$$
$$= 8 + 0 + 2 + 0 = 10$$
이므로 10일을 나타냅니다.
따라서 제조일자는 9월 10일입니다.

▌평가기준

점수	요소별 채점 기준
5점	상품명, 제조일자 중 하나만 바르게 나타낸 경우
10점	상품명, 제조일자 모두 바르게 나타낸 경우

23

모범답안

그래프 사용이 가장 적절합니다. 그래프를 이용하여 지하철 노선도와 고속도로 연결망을 표현하면 수많은 노선 간의 관계를 객관적으로 표현할 수 있기 때문입니다.

개념해설

- 글로 표현하기: 문제를 전체적으로 파악할 수 있도록 자신이 이해할 수 있는 문장으로 짧고 간단하게 적어 보는 방법입니다.
- 표로 표현하기: 문제에서 복잡한 판단을 해야 되는 경우나 관련된 정보를 일목요연하게 정리할 때 이용하는 방법으로, 내용을 쉽게 파악할 수 있습니다.
- 그래프로 표현하기: 숫자 데이터 중심의 문제인 경우에는 적절한 그래프를 이용하여 표현하면 보다 쉽게 이해할 수 있습니다.
- 그림으로 표현하기: 문제의 전개 방향을 나타내거나 문제 속의 데이터 및 정보를 분류하여 문제를 이해하는 데 효율적입니다.
- 스택으로 표현하기: 스택은 자료 구조의 하나로서 자료의 삽입과 삭제가 한 쪽 끝에서만 일어나는 선형 자료 구조입니다. 주로 어떤 내용을 기억시켰다가 다시 이용하고자 할 때 사용되며, 컴퓨터 알고리즘에서 자주 쓰이는 중요한 방법입니다.

점수	요소별 채점 기준
3점	그래프, 그림 이외의 것을 선택했지만 그 이유가 타당한 경우
5점	그림을 선택하고 그 이유가 타당한 경우
10점	그래프를 선택하고 그 이유가 타당한 경우

24

예시답안

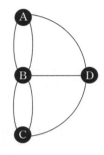

개념해설

[핵심요소 추출]
문제해결에 중요하고 필요한 부분만을 추출하여 문제 상황을 해결 가능한 상태로 만드는 것, 즉 복잡하고 다양한 것을 단순화하는 것으로, 추상화라 표현하며 추상화 과정에서 문제해결을 위한 규칙 등을 발견할 수 있습니다.

[문제해결 과정]
문제 이해 → 핵심요소 추출 → 자료 수집 및 분석 → 자료 표현 → 알고리즘 구상 → 프로그램 작성

[오일러의 한붓그리기]
어떤 도형이 있을 때, 그 도형의 한 점에서 출발하여 중복되지 않게 한 번씩 모든 선을 지나도록 그리는 것으로, 홀수점이 0개이거나 2개일 때만 가능합니다.

평가기준

점수	요소별 채점 기준
5점	그래프로 표현하려고 했지만 대칭 형태를 만들어 표현하지 못한 경우
10점	선이 겹치지 않게 구분된 지역과 다리를 그래프로 바르게 표현한 경우

25

예시답안

개념해설

[순서도의 기호와 의미]

기호	기호의 설명	보기
⬭	순서도의 시작이나 끝을 나타내는 기호	시작(끝)
▭	값을 계산하거나 대입 등을 나타내는 처리 기호	A=B+C
◇	조건이 참이면 '예', 거짓이면 '아니오'로 가는 판단 기호	A>B 예 아니오
⬏	서류로 인쇄할 것을 나타내는 인쇄 기호	인쇄 A
▱	일반적인 입·출력을 나타내는 입·출력 기호	입력(출력)
↓	기호를 연결하여 처리의 흐름을 나타내는 흐름선	시작 ↓ A, B 입력

평가기준

점수	요소별 채점 기준
5점	탑승버스를 확인하는 중간 과정에서 비교·판단에 의한 반복 과정이 없는 경우
10점	기호를 바르게 사용하여 과정에 맞게 순서도로 나타낸 경우

26

예시답안

(1) 입력된 것: 1000원

　　출력된 것: 선택한 음료수와 거스름돈 100원

(2) 자동판매기의 알고리즘

❶ 자동판매기의 지폐투입구에 1000원짜리 지폐 한 장을 넣는다.

❷ 원하는 음료수를 선택한다.

❸ 자동판매기는 정해진 음료수 값과 지폐투입구를 통해 들어온 금액을 비교한다.

❹ 자동판매기에 넣은 금액이 음료수 가격보다 적으면 음료수가 나오지 않는다.

❺ 넣은 돈이 900원 이상이 되었을 때 자동판매기에서 음료수가 나온다.

❻ 넣은 돈이 900보다 많을 때, 자동판매기 구멍에서 거스름돈을 확인하고 가지고 간다.

개념해설

[알고리즘의 성립 조건]

알고리즘은 입력과 출력, 명확성과 수행가능성, 유한성의 조건을 갖추어야 합니다.

① 입력: 문제해결에 필요한 자료를 외부로부터 받아들입니다.

② 출력: 문제가 처리되면 하나 이상의 결과가 나와야 합니다.

③ 명확성: 각 단계는 모호하지 않고 명확해야 합니다.

④ 수행가능성: 각 단계는 반드시 실행이 가능한 것이어야 합니다.

⑤ 유한성: 정해진 단계를 거쳐 반드시 종료되어야 합니다.

평가기준

점수	요소별 채점 기준
3점	(1)만 바르게 해결한 경우
7점	(2)만 바르게 해결한 경우
10점	(1), (2) 모두 바르게 해결한 경우

27

모범답안

U1 | G | 3 | R |, U2 | G | 4 | R |

P | U1 | U2 | U1 | U2 |

해설

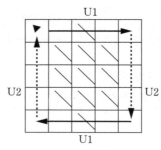

빗금친 곳은 건너뛰도록 프로그래밍해야 하므로 U1은 앞으로 3칸 간 뒤 오른쪽으로 90° 회전하는 | G | 3 | R |로 표현합니다. U2는 앞으로 4칸 간 뒤 오른쪽으로 90° 회전하는 | G | 4 | R |로 표현합니다. 따라서 출발지점으로 다시 돌아오도록 하려면, U1과 U2가 반복되도록 프로그래밍해야 하기 때문에 P | U1 | U2 | U1 | U2 |가 됩니다.

평가기준

점수	요소별 채점 기준
5점	U1, U2로 제시된 알고리즘이 옳지 않지만 P의 프로그램을 반복 구조로 표현한 경우
10점	U1, U2를 제시하고 P를 완성한 경우

28

예시답안

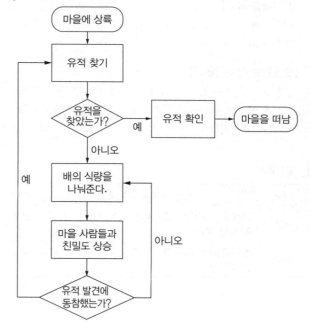

평가기준

점수	요소별 채점 기준
0점	순서도에 사용되는 기호가 적절하지 않은 경우
5점	유적을 발견하는 중간 과정에서 비교·판단에 의한 반복 과정이 없는 경우
10점	기호를 바르게 이용하여 전 과정을 맞게 순서도로 표현한 경우

29

예시답안

(1) 핵심요소 추출
- 입력: 소리센서로 아날로그 신호를 입력받는다.
- 처리: 입력받은 신호를 마이크로컨트롤러에서 숫자로 변환한다.
- 출력: 처리한 결과를 LED 화면에 출력한다.

(2) 알고리즘 설계하기

(조건가정) 배터리 모양에서 30%, 50%, 70%, 100%의 막대가 채워지는 모습으로 화면을 준비하고 채워지는 구간에 따라 서로 다른 색으로 LED가 출력되도록 한다.

❶ 소리센서로 소리값을 입력받는다.

❷ 센서값이 10 이상이면 노랑 LED를 켜고 배터리 모양을 30%로 바꾸고 센서값을 말한다.

❸ 센서값이 20 이상이면 초록 LED를 켜고 배터리 모양을 50%로 바꾸고 센서값을 말한다.

❹ 센서값이 30 이상이면 파랑 LED를 켜고 배터리 모양을 70%로 바꾸고 센서값을 말한다.

❺ 센서값이 40 이상이면 빨강 LED를 켜고 배터리 모양을 100%로 바꾸고 센서값을 말한다.

❻ 센서값이 10 미만이면 배터리 모양을 0%로 바꾸고 센서값을 말한다.

개념해설

[센서보드]
실드라고도 하는 센서보드는 각종 센서가 포함되어 있는 보드입니다. 센서보드는 그 자체로 입력을 처리할 수 있는 능력이 없기 때문에 처리를 담당할 수 있는 마이크로컨트롤러와 결합하여 사용합니다.

[알고리즘]
문제를 해결하는 절차나 방법을 말하며 문제해결을 위한 일련의 규칙에 따라 논리적인 순서로 설명하고 표현하는 방법 또는 절차를 말합니다.

평가기준

점수	요소별 채점 기준
4점	(1)만 바르게 서술한 경우
6점	(2)만 적절하게 설계한 경우
10점	(1)을 바르게 서술하고 (2)를 적절하게 설계한 경우

30

예시답안

- 괴롭히는 사람을 차단하기
- 관련 기관에 즉시 신고하기
- 주변 사람들에 피해 사실을 알리기
- 이상한 말이나 표현에 반응하지 않기
- 사이버 폭력 피해 사실에 대한 증거 저장하기
- 사이버 폭력을 가한 상대방에게 보복하지 않기

개념해설

사이버 공간은 익명성, 개방성, 자율성, 다양성이 있기 때문에 사이버 폭력은 가해자를 구별하기 어렵고 범죄의 범위가 광범위하며, 가해자의 물리적 상황이나 시공간적 제약에 관계없이 발생할 수 있습니다. 사이버 윤리를 실천하기 위해서는 사이버 공간에서 지켜야 할 예의나 규칙을 자율적으로 지키는 네티켓, 모티켓 등을 준수하는 자세가 필요하며 개인의 윤리의식 향상과 함께 이를 실천해 가기 위한 노력이 필요합니다.
* 네티켓(Netiquette): 인터넷 예절 혹은 인터넷 예의는 인터넷 공간에서 지켜야 할 예의범절입니다. 영어 네티켓은 네트워크(network)와 에티켓(etiquette)의 합성어입니다.
* 모티켓(Motiquette): 모바일(mobile)과 에티켓(etiquette)의 합성어로 휴대폰 예절을 표현하는 단어입니다.

평가기준

점수	요소별 채점 기준
3점	사이버 폭력에 대한 대응방안을 1~2가지 제시한 경우
6점	사이버 폭력에 대한 대응방안을 3~4가지 제시한 경우
10점	사이버 폭력에 대한 대응방안을 5가지 이상 제시한 경우

수학

01

모범답안

③

풀이

선생님이 도착하시는 시간은 5시이므로 그 전에 도착하는 버스를 타야 합니다. 버스는 매시 15분과 45분에 한 대씩 있고, 공항까지 가는 데 걸리는 시간은 1시간 20분이므로 버스를 타는 시간과 도착 시간으로 가능한 경우는 다음과 같습니다.

• 3:45 − 5:05
• 3:15 − 4:35
• 2:45 − 4:05
• 2:15 − 3:35
• 1:45 − 3:05

그런데 경훈이의 모임이 2시에 끝나므로 그 이후에 만나야 하고, 버스 시간 10분 전에 만나기로 했으므로 만나기로 한 시간이 오후 3:05, 도착하는 시간이 오후 4:35인 ③이 가능합니다.

평가기준

점수	요소별 채점 기준
5점	풀이 과정 없이 답만 구한 경우
10점	풀이 과정을 상세하게 서술하고 답을 바르게 구한 경우

02

모범답안

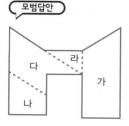

평가기준

점수	요소별 채점 기준
10점	그림을 바르게 그린 경우

03

모범답안

R	G	B
G	B	R
B	R	G

풀이

왼쪽에서부터 세 개의 면을 나누어 오른쪽에서 본 면의 색을 써넣으면 다음과 같습니다.

B	R	G
R	G	B
G	B	R

G	B	R
B	①	②
R	③	④

R	G	B
G	⑤	⑥
B	⑦	⑧

첫 번째 면의 쌓기나무와는 다른 색이면서 두 번째 면의 주변의 쌓기나무와 다른 색이 되도록 색을 배치하기 위해서는 ①은 빨간색이 되어야 합니다. 마찬가지 방법으로 두 번째 면의 나머지 빈칸을 채우면 다음과 같습니다.

G	B	R
B	R	G
R	G	B

세 번째 면, 즉 오른쪽에서 본 면의 쌓기나무는 두 번째 면의 쌓기나무와 다른 색이면서 세 번째 면의 주변의 쌓기나무와 다른 색이 되도록 색을 배치하면 다음과 같습니다.

R	G	B
G	B	R
B	R	G

평가기준

점수	요소별 채점 기준
5점	오른쪽에서 본 면의 색을 1개만 잘못 나타낸 경우
10점	오른쪽에서 본 면의 색을 정확하게 나타낸 경우

04

모범답안

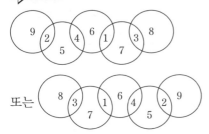

또는

풀이

1부터 9까지의 자연수를 각각 하나씩 써넣으므로 $1+2+\cdots+9=45$입니다. 이때 원 안의 수들의 합이 가장 작아야 하므로 겹쳐지는 부분의 수는 가능한 작은 수이어야 합니다. 따라서 1, 2, 3, 4가 들어가야 하므로 5개의 원 안에 수들의 총합은 $45+(1+2+3+4)=55$입니다. 또한, 한 개의 원 안의 수들의 합은 항상 일정하고, 5개의 원으로 이루어져 있으므로 한 개의 원 안의 수들의 합은 $55\div5=11$입니다.

따라서 한 개의 원 안의 수들의 합은 11일 때 가장 작으므로, 그 합이 11이 되도록 적절히 배치합니다.

평가기준

점수	요소별 채점 기준
5점	풀이 과정 없이 답만 구한 경우
10점	풀이 과정을 상세하게 서술하고 답을 바르게 구한 경우

05

모범답안

탈출할 수 있는 방향을 추측할 수 있습니다.
바다 쪽 방향으로 탈출해야 합니다.

풀이

2개의 표지판만 진실을 알려주고 있으므로 늪 표지판부터 차례로 진실이라고 가정하고 생각합니다.
① 늪 표지판에 쓰인 내용이 진실이라면 동굴, 계곡 표지판에 쓰인 내용도 진실이므로 올바른 내용이 쓰인 표지판은 3개가 되어 모순입니다.
② 동굴 표지판에 쓰인 내용이 진실이라면 늪, 계곡 표지판에 쓰인 내용도 진실이므로 올바른 내용이 쓰인 표지판은 3개가 되어 모순입니다.
③ 계곡 표지판에 쓰인 내용이 진실이라면 늪, 동굴 표지판에 쓰인 내용도 진실이므로 올바른 내용이 쓰인 표지판은 3개가 되어 모순입니다.

따라서 진실을 알려주고 있는 표지판은 산, 바다 2개의 표지판이므로 바다 쪽 방향으로 탈출해야 합니다.

평가기준

점수	요소별 채점 기준
10점	탈출할 수 있는 방향을 바르게 찾은 경우

06

모범답안

A: 파란색, B: 노란색, C: 주황색, D: 빨간색, E: 초록색

풀이

②에서 선반 B는 노란색 책을 꽂을 수 있습니다.
③에서 노란색 책들은 파란색 책들 아래에 있으므로 선반 A는 파란색 책을 꽂을 수 있습니다.
④, ⑤에서 선반 C는 주황색 책을, 선반 D는 빨간색 책을, 선반 E는 초록색 책을 꽂을 수 있습니다.

평가기준

점수	요소별 채점 기준
3점	5개의 선반에 놓일 책의 색을 1~3개 바르게 나열한 경우
6점	5개의 선반에 놓일 책의 색을 4개 바르게 나열한 경우
10점	5개의 선반에 놓일 책의 색을 모두 바르게 나열한 경우

07

모범답안

8가지

이유

연속하는 두 자리의 자연수에서 각 자리에 있는 수들의 합의 차는 1 또는 8입니다.
예를 들어, 10과 11은 1과 2의 차이므로 1이고, 11과 12는 2와 3의 차이므로 1입니다. 반복해서 순서대로 구하면 18과 19는 9와 10의 차이므로 1이지만 19와 20은 10과 2의 차이므로 8입니다. 즉, 일의 자리 숫자가 9와 0인 두 수의 짝을 구하면 됩니다.
따라서 구하는 두 수의 짝은 19와 20, 29와 30, 39와 40, 49와 50, 59와 60, 69와 70, 79와 80, 89와 90으로 모두 8가지입니다.

평가기준

점수	요소별 채점 기준
5점	두 수의 짝의 개수만 바르게 구한 경우
10점	두 수의 짝의 개수를 구하고, 이유를 바르게 서술한 경우

08

모범답안

8

풀이

사각형의 꼭짓점에 있는 네 수의 합이 모두 같으므로

A+2+D+E=D+E+5+C에서

A+2=C+5, A=C+3

A+B+5+E=D+E+5+C에서

A+B=C+D

A+2+D+E=A+E+5+B에서

2+D=5+B, D=3+B

1, 3, 4, 6, 7 중에서 A=C+3, D=3+B를 만족하는 경우를 구하면

A=4, C=1, B=3, D=6, E=7

A=6, C=3, B=1, D=4, E=7

A=6, C=3, B=4, D=7, E=1

A=7, C=4, B=3, D=6, E=1

이 됩니다.

따라서 E가 될 수 있는 수는 1 또는 7이므로 그 합은 1+7=8입니다.

평가기준

점수	요소별 채점 기준
5점	풀이 과정 없이 답만 구한 경우
10점	풀이 과정을 상세하게 서술하고 답을 바르게 구한 경우

09

모범답안

만들 수 없습니다.

도형의 둘레의 길이는 항상 짝수입니다.

예를 들어 위의 그림과 같이 들어간 부분의 변을 밖으로 이동시키면 직사각형 모양이 되므로 구하는 도형의 둘레의 길이는 직사각형의 둘레의 길이와 같습니다. 이때 직사각형의 둘레의 길이는 (가로의 길이+세로의 길이)×2 이므로 항상 짝수입니다.

평가기준

점수	요소별 채점 기준
3점	옳은 판단을 했지만 이유를 바르게 서술하지 못한 경우
10점	옳은 판단을 하고 이유를 바르게 서술한 경우

10

모범답안

(1) (C) → (D) → (B) → (E) → (A)

(2) 77살

풀이

(1) 앉은 위치는 B가 이야기한 내용을 근거로 추론하면 (C) → (D) → (B) → (E) → (A)로 나열됩니다.

(2) • 가장 나이 많은 사람: D → 40

   • D와 네 살 차이 나는 사람: C → 36

   • C의 형이자 그와 2살 차이 나는 사람: A → 38

   • 내년에 현재 D와 같은 나이인 40이 되는 사람: B → 39

   • 나이를 정확히 알 수는 없지만 다섯 명 중 막내인 사람: E

따라서 두 형제 A, B의 나이의 합은

38+39=77 (살)입니다.

평가기준

점수	요소별 채점 기준
3점	(1)만 바르게 나열한 경우
7점	(2)만 바르게 구한 경우
10점	(1), (2) 모두 바르게 답한 경우

과학

11

예시답안

철은 나무보다 열전도도가 높은 재료입니다. 추운 날 철로 만든 시소에 앉으면 상대적으로 온도가 높은 우리 몸에서 온도가 낮은 시소 쪽으로 빠르게 열이 이동하기 때문에 (빼앗기기 때문에) 시소에 앉았을 때 더욱 차가움을 느끼게 됩니다.

열전도도는 열을 전달하는 정도를 말합니다. 접촉한 두 물체의 온도 차이가 클수록 열의 이동 속도가 빨라집니다. 또, 에너지는 온도가 높은 곳에서 온도가 낮은 곳으로 이동하며, 온도 차이가 클수록 이동하는 열의 양(열량)이 많습니다.

평가기준

점수	요소별 채점 기준
5점	나무보다 철에서 이동하는 열의 양이 더 많다고 서술한 경우
10점	나무보다 철에서 열이 더 빠르게 이동하는 것을 이용하여 서술한 경우

12

예시답안

우유는 골고루 섞여있는 균일혼합물이 아니므로 우유는 용액이 아닙니다.
우유가 용액이라고 주장하는 혜영이의 의견을 반박하면
• 우유의 색깔이 흰색인 이유는 우유에 녹아있는 용질의 색깔 때문이 아니라 우유에 녹아 있는 단백질과 지질이 빛을 통과시키지 않으므로 모두 반사되어 흰색으로 나타납니다.
• 거름종이에 걸러지지 않는 이유는 우유 속에 녹아 있는 성분들이 거름종이를 통과할 정도로 작기 때문입니다. 만약 더 작은 틈을 가진 거름종이가 있다면 단백질과 지질이 걸러질 수도 있습니다.

개념해설

[균일혼합물]
여러 가지 물질이 골고루 섞여 있는 상태의 혼합물로, 소금물, 설탕물, 콜라, 사이다 등이 있습니다.

[용액]
용액은 꼭 액체의 종류만 해당하는 것은 아닙니다. 고체인 합금의 경우, 구리+주석이 일정한 비율로 혼합되어 만들어진 '청동'도 용액이라 할 수 있습니다. 이런 경우는 구리+아연=황동, 구리+니켈=백동, 구리+알루미늄=두랄루민 등이 해당됩니다. 그리고 기체인 경우 '공기'도 일정한 조성비(질소: 약 78%, 산소: 약 21%, 아르곤: 약 0.93%, 이산화 탄소: 약 0.03%)를 가지고 골고루 섞여 있기 때문에 용액이라 합니다.

평가기준

점수	요소별 채점 기준
3점	우유가 용액이 아니라고만 제시한 경우
6점	우유가 용액이 아니라고 말하고, 반대의 주장에서 과학적 근거를 1개 제시한 경우
10점	우유가 용액이 아니라고 말하고, 반대의 주장에서 과학적 근거를 2개 이상 제시한 경우

13

예시답안

보트 안에 있는 1 L의 물이 담겨진 페트병 2개를 이용합니다. 한 개의 페트병을 높이의 $\frac{1}{2}$부분에서 자른 후 바닷물을 넣은 다른 한 개의 페트병 입구에 끼워 넣습니다. 끼워 넣은 페트병 위에 동전과 같은 쇠붙이를 놓으면 더 쉽게 물방울이 맺히게 할 수 있습니다. 시간이 지나면서 증발된 바닷물이 페트병 입구로부터 나와 끼워 넣은 페트병 주변에 채워지게 되고, 소금기가 적은 물을 마실 수 있습니다.

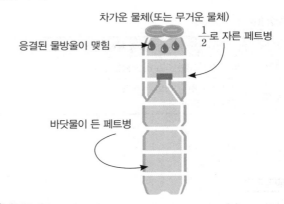

개념해설

바닷물의 농도는 우리 몸속 세포의 농도보다 높기 때문에 바닷물을 마시게 되면 세포의 물이 빠져나가는 삼투현상이 일어나면서 탈수 증상이 발생해 생명이 위험해 질 수 있습니다.
아무것도 없는 상황 속에서 보트에 타고 있는 사람들이 소지한 물건을 이용해야 하는 창의력 문제이므로 <증발과 응결>이 일어날 수 있는 물건들을 떠올려 해결하면 조금 더 쉽습니다.

평가기준

점수	요소별 채점 기준
5점	입고 있는 옷을 이용하여 마실 수 있는 물을 만드는 방법을 서술한 경우
10점	증발과 응결이 일어날 수 있는 창작품을 만들어 마실 수 있는 물을 만드는 방법을 서술한 경우

14

예시답안

사막에서 길을 잃은 경우는 북극성을 찾아 방향을 결정합니다. 북극성은 북쪽 하늘에 위치하므로 북극성이 떠 있는 방향이 북쪽이 됩니다. 북극성을 찾을 때는 북두칠성 또는 카시오페이아를 이용해 찾을 수 있습니다.

개념해설

[북극성을 찾는 방법]

북두칠성의 ②에서 ①로의 방향으로 ①과 ② 사이의 거리의 5배의 연장선을 그은 자리에 북극성이 위치합니다. 카시오페이아의 ①과 ②를 이은 선분의 연장선과 ④과 ⑤를 이은 선분의 연장선이 만난 교차점과 ③ 사이의 거리의 5배로 연장선을 그으면 북극성이 위치합니다.

평가기준

점수	요소별 채점 기준
3점	북극성으로 찾는다로만 서술한 경우
10점	북극성을 찾는 방법과 북극성을 이용하여 방향을 찾는 방법을 서술한 경우

15

예시답안

콩나물의 콩은 강낭콩과 같은 씨앗입니다. 따라서 뿌리를 내리고 본 잎이 나와 광합성을 하기 전까지는 떡잎이 양분을 제공합니다. 따라서 처음에 발아할 때에는 햇빛이 필요없고, 적정한 온도와 물, 산소만 있으면 됩니다.

개념해설

싹이 터야 하는 씨앗은 처음부터 광합성을 필요로 하는 것이 아니라 호흡하면서 에너지를 생산할 수 있는 산소가 필요합니다.

[광합성]

식물 및 다른 생명체가 빛에너지를 화학에너지로 전환하는 과정으로, 식물은 뿌리에서 흡수한 물과 잎의 기공을 통해 들어온 공기 중의 이산화 탄소를 재료로 햇빛을 받아 녹말과 산소를 만드는 과정입니다. 이 결과 생산자인 식물은 포도당을 합성하고, 낮 동안에는 녹말로 전환되어 잎에 임시 저장됩니다. 광합성은 녹색 식물의 세포 속에 들어 있는 엽록체에서 일어납니다.

평가기준

점수	요소별 채점 기준
5점	씨앗에 녹색(엽록체)이 없어서 광합성을 할 수 없다고 서술한 경우
10점	씨앗의 성장 조건에 근거해서 광합성을 필요로 하지 않는 부분을 서술한 경우

16

예시답안

지구에서는 아래쪽으로 중력이 작용하고, 위쪽으로 날개에 의한 양력이 작용해 평형을 이룬 상태로 직진해서 날아갑니다. 하지만 무중력 상태라면 아래쪽으로 작용하는 중력은 없고 양력만 받게 되므로 위쪽으로 공중회전을 하게 될 것입니다.

개념해설

[무중력 공간에서 일어나는 현상]

지구에서와 달리 무중력 공간에서는 따뜻하게 데워진 가벼운 기체가 위로 올라가는 대류현상이 일어나지 않기 때문에 촛불의 불꽃이 둥근 모양이 됩니다.
또, 무중력 공간에서 물의 덩어리는 수면의 넓이를 최소로 하기 위해 표면 장력에 의해 공 같은 둥근 형태가 되는데 큰 물방울이라면 물방울이 자전하며 밖으로 늘이려는 원심력과 표면장력이 작용해 2개로 갈라지기도 합니다.

평가기준

점수	요소별 채점 기준
3점	계속 같은 방향으로 날아간다고 서술한 경우
5점	비행기가 중력 방향으로 이동한다고 서술한 경우 또는 양력이 작용해 계속 떠있는다고 서술한 경우
10점	중력과 양력을 이용하여 그 이유를 서술한 경우

17

모범답안

초식동물은 주위의 적을 감지하고 도망치기 위해 시야 범위가 넓게 발달했을 것이고, 육식동물은 먹이와의 거리를 정확히 알고 사냥 성공률을 높여야 하기 때문에 시야 범위가 좁지만 양안 시력(양쪽 눈으로 본 시력)이 발달했을 것입니다.

평가기준

점수	요소별 채점 기준
5점	넓은 시야, 좁은 시야의 개념이 아닌 다른 예를 들어서 설명한 경우
10점	넓은 시야, 좁은 시야의 개념을 적용해 설명한 경우

18

- 지진이 더 많이 발생할 것입니다.
- 낮과 밤의 길이가 길어질 것입니다.
- 밤은 지금보다 훨씬 어두워질 것입니다.
- 생물들의 분포나 생활 방식이 많이 달라질 것입니다.
- 낮과 밤의 길이가 길어지면서 일교차가 커질 것입니다.
- 달과 태양의 인력 변화로 해수면의 높이가 달라질 것입니다.
- 달과 지구 사이의 인력이 줄어들어 지구와 달의 거리가 현재보다 더 멀어질 것입니다.
- 달이 멀어지면서 밀물과 썰물의 힘이 약해질 것입니다.

개념해설

지구의 자전 속도가 느려지게 되면 자전하는 데 시간이 더 많이 걸리게 됩니다. 낮의 길이가 변하게 되면 지구의 자기장 역시 변화되면서 지각에 영향을 주어 지진이 발생하게 됩니다. 그리고 자전 속도가 느려지면서 태양복사에너지를 받는 시간이 더 많아지게 되므로 하루의 일교차가 커져 생물들의 생활이 변화될 것입니다.

평가기준

점수	요소별 채점 기준
5점	발생할 수 있는 일을 1가지만 서술한 경우
10점	발생할 수 있는 일을 2가지 이상 서술한 경우

19

- 생태계가 파괴되면 결국 사람들에게도 악영향을 끼치기 때문입니다.
- 동물이나 식물 등 생태계 내에서 살고 있는 생물의 생명은 모두 소중하기 때문입니다.
- 생태계를 구성하는 환경은 한번 파괴되면 원래대로 회복되는 데 많은 시간이 걸릴 뿐만 아니라 많은 노력이 필요하기 때문입니다.

평가기준

점수	요소별 채점 기준
3점	생태계 보호가 인간의 편리만을 위한 것이라고 서술한 경우
5점	생태계를 복원하는 데 시간이 오래 걸린다고만 서술한 경우
10점	생태계 보호 이유에 타당한 근거를 서술한 경우

20

우리 몸에서 가장 뜨거운 장기는 심장이 아닌 간입니다. 간에서 심장으로 바로 전달된 혈액이 온몸으로 퍼지기 때문에 우리는 체온을 유지할 수 있습니다. 또한, 돌고래 역시 심장에서 지느러미로 바로 보내어지는 혈관이 있어 혈액의 온기로 얼지 않고 추운 겨울을 지낼 수 있습니다. 하지만 학의 경우에는 한쪽 다리를 접어 바꿔가며 서 있는 형태로, 한겨울에도 다리가 얼지 않고 유지됩니다.

평가기준

점수	요소별 채점 기준
5점	돌고래 또는 학의 특징 중 하나만 서술한 경우
10점	돌고래와 학의 특징을 비교하여 서술한 경우

정보

21

정보를 전달하는 방법에는 디스크나 플래시메모리 등을 사용하여 직접 정보를 전달하는 방법도 있지만, 인터넷과 소셜 네트워크 서비스(SNS)의 발달로 인해 정보의 전달과 공유가 빠른 속도로 이루어지고 있습니다.

- SNS는 친구, 가족 지인들과 사회적 관계를 맺고 서로의 이야기 또는 자료를 주고받을 수 있는 것이 특징입니다. 페이스북, 트위터, 인스타그램 등의 SNS나 커뮤니티 공간에서는 글을 볼 수 있는 권한을 부여할 수 있는 장점을 갖고 있습니다.
- 카카오톡, 라인, 텔레그램 등은 실시간으로 메시지와 자료 등을 주고 받을 수 있는 특징이 있습니다.
- 블로그는 개인이 관심이 있는 일에 대해서 자신의 생각을 자유롭게 나타내거나 필요한 정보를 올려놓는 공간을 제공하는 특징을 가지고 있어 마케팅으로 활용하는 데 효과적입니다.
- 가상의 공간에 자료나 프로그램을 저장해 놓고 언제 어디서나 컴퓨팅 기기를 통해 사용할 수 있는 클라우드 서비스는 자료 공유가 쉽지만, 악성코드나 바이러스와 같은 사이버 범죄에 주의해야 하므로 바이러스 검사 후 공유해야 하는 특징이 있습니다.

평가기준

점수	요소별 채점 기준
3점	정보 전달 방법을 1~2가지 제시한 경우
6점	정보 전달 방법을 3가지 제시한 경우
10점	정보 전달 방법을 4가지 이상 제시한 경우

22

모범답안

$t=12$, $t=24$

풀이

t분 후 전체 파일의 전송 비율을 y라 하면 파일을 받는데 총 30분이 걸렸으므로

$$y=\frac{t}{30}\times100$$

t분 후 현재 내려 받는 파일의 전송 비율을 x라 하면 파일 하나 받는 데 10분이 걸리므로
첫 번째 파일을 내려 받을 때

$$x=\frac{t}{10}\times100$$

두 번째 파일을 내려 받을 때

$$x=\frac{t}{10}\times100-100$$

세 번째 파일을 내려 받을 때

$$x=\frac{t}{10}\times100-200$$

으로 나타낼 수 있습니다. B 그래프의 길이가 A 그래프의 길이의 2배가 될 때는
두 번째 파일을 내려 받을 때

$$\frac{t}{30}\times100=2\left(\frac{t}{10}\times100-100\right)$$에서

$$\frac{10}{3}t=20t-200,\ 200=\frac{50}{3}t,\ t=12$$입니다.

세 번째 파일을 내려 받을 때

$$\frac{t}{30}\times100=2\left(\frac{t}{10}\times100-200\right)$$에서

$$\frac{10}{3}t=20t-400,\ 400=\frac{50}{3}t,\ t=24$$입니다.

따라서 가능한 t의 값은 $t=12$, $t=24$입니다.

평가기준

점수	요소별 채점 기준
5점	풀이 과정 없이 답만 구한 경우
10점	풀이 과정을 상세하게 서술하고 답을 바르게 구한 경우

23

예시답안

[단계적 프로그래밍 설계]

❶ 프로그램을 실행하면 마우스를 따라다니는 막대와 촛불이 있습니다.
❷ 막대의 흰 부분을 촛불 중심에 닿게 하면 막대의 흰 부분이 검은색으로 변합니다.
❸ 막대가 검은색으로 변하면 불꽃 효과를 일정한 시간 동안 계속 보게 됩니다.
❹ 불꽃 효과가 끝나면 막대에 다시 촛불을 닿게 해도 불꽃 효과가 발생하지 않습니다.

[조건]
막대는 항상 마우스를 따라 다녀야 하고, 막대의 한 부분이 촛불의 불꽃에 닿으면 불꽃 효과가 발생해야 합니다. 또, 불꽃 효과는 일정 시간동안 계속 지속되어야 합니다.

평가기준

점수	요소별 채점 기준
4점	조건만 설정한 경우
6점	조건에 대한 설정 없이 단계적 프로그램만 설계한 경우
10점	조건을 설정하고 단계적 프로그램을 설계한 경우

24

예시답안

① 입력: 더러워진 옷
② 출력: 세탁 후 깨끗해진 옷
③ 명확성: 세탁에 필요한 세제의 양이 정해져 있고, 세탁 과정에 따라 수행 과정과 시간이 정해져 있습니다.
④ 유한성: 정해진 시간 동안 세탁기가 작동한 후 멈춥니다. 입력한 옷의 양만큼 건조대에 널면 알고리즘이 종료됩니다.
⑤ 수행가능성: 각 단계의 작업은 누구나 다 가능합니다.

개념해설

- 입력: 문제해결에 필요한 자료를 외부로부터 받아들일 수 있어야 합니다.
- 출력: 문제가 처리되면 하나 이상의 결과가 나와야 합니다.
- 명확성: 각 단계는 모호하지 않고 명확해야 합니다.
- 수행가능성: 각 단계는 실행이 가능한 것이어야 합니다.
- 유한성: 정해진 단계를 거쳐 반드시 종료되어야 합니다.

점수	요소별 채점 기준
3점	①~⑤ 중에서 1~2개를 바르게 서술한 경우
7점	①~⑤ 중에서 3~4개를 바르게 서술한 경우
10점	①~⑤ 모두 바르게 서술한 경우

25

예시답안

• 과정에 대한 알고리즘이 달라지는 경우
  문제해결과정이 다른 경우를 나타낸 것으로, 과정에 대한 알고리즘이 다르면 해결되는 결과도 달라집니다. 같은 입력을 사용해도 알고리즘의 과정이 다르면 결과가 달라지는 것입니다.
• 방법에 대한 알고리즘이 달라지는 경우
  방법에 대한 알고리즘이 다른 경우, 문제해결과정과 결과가 같더라도 해결의 효율성이 다른 것입니다. 예를 들어, 이동수단의 선택에 따라 가는 길과 도착지가 같더라도 걸리는 시간이 달라지는 것과 같습니다.
이처럼 문제를 효과적으로 해결하기 위해서는 알고리즘 선택의 중요성이 요구됩니다.

개념해설

[알고리즘의 중요성]
① 우리 주변에는 일시적이거나 단순한 문제보다 반복적이거나 여러 조건과 상황을 고려해야 하는 복잡한 문제가 많습니다.
② 같은 문제를 해결할 때 선택한 방법이나 순서 등이 다르면 문제해결에 소요되는 비용이나 시간 등이 달라져 결과 또한 다르게 나타납니다.
③ 주어진 문제를 신속·정확하고 효과적으로 해결하기 위해서는 문제 상황과 조건에 알맞은 알고리즘을 찾도록 노력해야 합니다.

평가기준

점수	요소별 채점 기준
5점	방법과 과정에 대한 구분없이 알고리즘만 서술한 경우
10점	방법이 다른 경우, 과정이 다른 경우를 구분하여 서술한 경우

26

예시답안

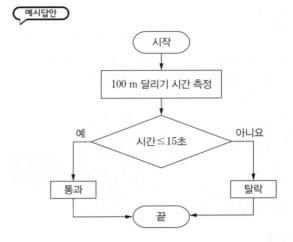

평가기준

점수	요소별 채점 기준
3점	순서도 과정은 맞는데, 순서도 기호의 사용이 바르지 않은 경우
10점	비교 조건이 성립되도록 순서도가 바르게 작성된 경우

27

예시답안

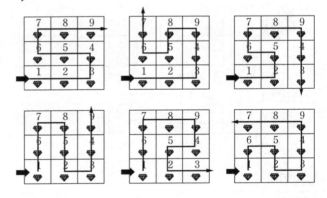

평가기준

점수	요소별 채점 기준
3점	다시 밖으로 나오는 방법을 1~2가지 그린 경우
6점	다시 밖으로 나오는 방법을 3~4가지 그린 경우
10점	다시 밖으로 나오는 방법을 5가지 이상 그린 경우

28

모범답안
모범답안

도형 안에 디지털로 표현된 자료를 위에서부터 아래로, 왼쪽에서부터 오른쪽으로 순서대로 표시한 후, 1이 적힌 칸을 검은색으로 색칠하면 왼쪽 방향을 가리키는 화살표 모양이 나타납니다.

평가기준

점수	요소별 채점 기준
5점	주어진 자료를 도형에 바르게 입력했으나 도형의 모양을 유추하지 못한 경우
10점	주어진 자료를 도형에 바르게 입력하고 도형의 모양을 유추한 경우

29

모범답안

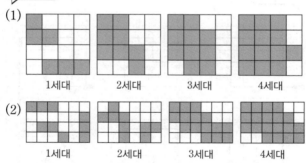

(1) 1세대 2세대 3세대 4세대

(2) 1세대 2세대 3세대 4세대

평가기준

점수	요소별 채점 기준
4점	(1)만 그림으로 바르게 표현한 경우
6점	(2)만 그림으로 바르게 표현한 경우
10점	(1), (2) 모두 그림으로 바르게 표현한 경우

30

모범답안

가장 작은 이진수: $000000_{(2)}$
가장 큰 이진수: $111111_{(2)}$
두 수의 합: 63

풀이

가장 작은 이진수는 $000000_{(2)}$이고, 가장 큰 이진수는 $111111_{(2)}$입니다.
가장 작은 이진수 $000000_{(2)}$을 십진수로 나타내면
$$000000_{(2)} = (0 \times 2^5) + (0 \times 2^4) + (0 \times 2^3) + (0 \times 2^2)$$
$$+ (0 \times 2^1) + (0 \times 2^0)$$
$$= 0$$
입니다.
가장 큰 이진수 $111111_{(2)}$을 십진수로 나타내면
$$111111_{(2)} = (1 \times 2^5) + (1 \times 2^4) + (1 \times 2^3) + (1 \times 2^2)$$
$$+ (1 \times 2^1) + (1 \times 2^0)$$
$$= 32 + 16 + 8 + 4 + 2 + 1$$
$$= 63$$
입니다.
따라서 가장 작은 이진수를 십진수로 나타내면 0, 가장 큰 이진수를 십진수로 나타내면 63이므로 두 수의 합을 구하면 $0 + 63 = 63$입니다.

평가기준

점수	요소별 채점 기준
3점	가장 작은 이진수, 가장 큰 이진수만 찾은 경우
7점	가장 작은 이진수, 가장 큰 이진수를 찾고 십진수로 나타낸 경우
10점	가장 작은 이진수, 가장 큰 이진수를 찾고 십진수로 나타낸 후 합을 바르게 구한 경우

좋은 책을 만드는 길, 독자님과 함께 하겠습니다.

· ·

스스로 평가하고 준비하는! 대학부설 영재교육원 봉투모의고사 초등

개정1판1쇄 발행	2023년 09월 05일 (인쇄 2023년 08월 07일)
초 판 발 행	2020년 09월 03일 (인쇄 2020년 07월 22일)
발 행 인	박영일
책 임 편 집	이해욱
편 저	전진홍
편 집 진 행	이미림 · 피수민 · 박누리별
표지디자인	조혜령
편집디자인	홍영란 · 곽은슬
발 행 처	(주)시대교육
공 급 처	(주)시대고시기획
출 판 등 록	제10-1521호
주 소	서울시 마포구 큰우물로 75 [도화동 538 성지 B/D] 9F
전 화	1600-3600
팩 스	02-701-8823
홈 페 이 지	www.sdedu.co.kr

I S B N	979-11-383-5618-3 (63400)
정 가	21,000원

실제 시험지 크기 모의고사 3회분

+

상세하고 명쾌한 해설

시험 직전 완벽한
최종 마무리!